Khalid Hassan

Fungos em ambiente aquático: Ocorrência, Fisiologia, Biodegradação

Khalid Hassan

Fungos em ambiente aquático: Ocorrência, Fisiologia, Biodegradação

ScienciaScripts

Imprint
Any brand names and product names mentioned in this book are subject to trademark, brand or patent protection and are trademarks or registered trademarks of their respective holders. The use of brand names, product names, common names, trade names, product descriptions etc. even without a particular marking in this work is in no way to be construed to mean that such names may be regarded as unrestricted in respect of trademark and brand protection legislation and could thus be used by anyone.

Cover image: www.ingimage.com

This book is a translation from the original published under ISBN 978-3-659-89907-2.

Publisher:
Sciencia Scripts
is a trademark of
Dodo Books Indian Ocean Ltd. and OmniScriptum S.R.L publishing group

120 High Road, East Finchley, London, N2 9ED, United Kingdom
Str. Armeneasca 28/1, office 1, Chisinau MD-2012, Republic of Moldova, Europe
Managing Directors: Ieva Konstantinova, Victoria Ursu
info@omniscriptum.com

Printed at: see last page
ISBN: 978-620-8-59162-5

Prefácio

Os fungos estão entre os organismos mais importantes do mundo, não só devido ao seu papel vital nas funções do ecossistema, mas também devido à sua influência nos seres humanos e nas actividades relacionadas com o homem. Os fungos são essenciais para actividades cruciais como a decomposição, o ciclo de nutrientes e o transporte de nutrientes, e são vitais para alcançar um desenvolvimento sustentável. Algumas espécies são importantes agentes patogénicos para plantas e animais; outras formam simbioses mutualistas obrigatórias com várias espécies de plantas, algas, cianobactérias e animais. Os fungos são também de grande importância económica e têm efeitos positivos e negativos nas actividades humanas.

Os fungos (reino Fungi) e grupos semelhantes a fungos (por exemplo, bolores aquáticos, reino Straminipila ; os bolores viscosos e espécies afins, reino Protista) englobam uma gama espantosa de taxa, morfologias (desde protistas ameboides e quiridiomicetas aquáticos unicelulares até grandes fungos basidiomicetas), ecologias e estratégias de ciclo de vida, mas apenas dispomos de informação limitada e incompleta sobre a maioria das espécies.

Os verdadeiros fungos aquáticos são osmoorganotróficos e absorvem nutrientes através das suas paredes celulares. A maior parte deles tem uma fase de crescimento filamentoso durante o seu ciclo de vida. Esta morfologia permite-lhes penetrar profundamente nos substratos e digerir diretamente a matéria orgânica particulada, a fim de adquirir os nutrientes de que necessitam para o seu crescimento e reprodução. O comprimento dos filamentos fúngicos varia de alguns micrómetros, no caso dos "rizóides" *dos Chytridiomycetes*, a vários milímetros ou metros, no caso das hifas ou redes de hifas, por exemplo, dos hyphomycetes que colonizam as folhas, a madeira e o solo. No entanto, há sempre excepções, como as leveduras unicelulares, que perderam o crescimento filamentoso ao longo da sua evolução. Aqui, centrar-nos-emos na diversidade e função dos fungos que invadem os sistemas aquáticos.

Índice

Capítulo 1: Fungos no ambiente aquático

1.1 Cogumelos aquáticos

Os hifomicetos aquáticos (também conhecidos como hifomicetos de água doce, fungos anfíbios ou fungos ingoldianos) são um grupo polifilético de fungos verdadeiros (Belliveau & B'arlocher, 2005). A sua taxonomia e identificação são tradicionalmente baseadas na morfologia e no desenvolvimento de esporos assexuados (mitosporos ou conídios). Não existe uma definição inequívoca do que faz de um fungo um hifomiceto aquático, mas duas caraterísticas cruciais são a capacidade (1) de esporular debaixo de água e (2) de se desenvolver em folhas caducas em decomposição em ribeiros e rios. Além disso, a maioria dos hifomicetos aquáticos produz esporos relativamente grandes, multi-radiados (frequentemente tetraradiais) ou sigmóides, cujas extremidades podem ser revestidas por uma mucilagem pegajosa. Estas propriedades facilitam a fixação dos esporos às folhas e a outras superfícies lisas (B'arlocher, 2008).

Os habitats aquáticos caracterizam-se por um equilíbrio único entre a entrada de matéria orgânica alóctone (externa) e autóctone (interna), que depende em grande medida das caraterísticas da bacia hidrográfica, da sua dimensão e da sua localização. Por exemplo, os cursos de água de cabeceira e os pequenos lagos recebem a maior parte da sua matéria orgânica da vegetação ripícola terrestre, enquanto os grandes lagos recebem a maior parte da sua matéria orgânica interna dos produtores primários de algas. O carbono orgânico derivado da vegetação terrestre varia consideravelmente do derivado das algas.

Os restos de plantas contêm grandes fracções de lenhina, hemiceluloses e celulose, que prolongam a decomposição microbiana até vários meses, ao passo que as algas contêm muito menos polímeros recalcitrantes e são, por isso, rapidamente mineralizadas, normalmente em poucos dias. Em sistemas lênticos pequenos ou pouco profundos, as macrófitas aquáticas submersas e emergentes dominam frequentemente a produção primária, representando o ecossistema não marinho mais produtivo do mundo. Os fungos aquáticos heterotróficos dependem da matéria orgânica produzida pela fotossíntese. Por ordem decrescente de biodegradabilidade, a comunidade fúngica consome algas microscópicas, macrófitas aquáticas macroscópicas e resíduos vegetais terrestres (incluindo madeira). Em escalas espaciais localizadas ou em escalas temporais de curto prazo, o carbono e os nutrientes de outras fontes podem tornar-se muito importantes. Os recursos animais incluem peixes, ovos de peixe, carcaças, exúvias, zooplâncton vivo, insectos, penas e pêlos, enquanto os recursos vegetais ( ) incluem pólen, esporos, sementes e frutos (Cole *et al.*, 1990).

Curiosamente, parece virtualmente impossível encontrar uma fonte orgânica natural que não possa ser utilizada por fungos aquáticos (Sparrow, 1960). Esta noção indica ou uma elevada redundância funcional de um conjunto limitado de espécies fúngicas, ou uma elevada biodiversidade de especialistas fúngicos. É muito provável que, em sistemas naturais, ambos os casos ocorram ao mesmo tempo. Outra caraterística interessante dos habitats aquáticos é o acoplamento dos sistemas aquáticos com os ambientes terrestres através de animais, principalmente insectos, que são capazes de exportar nutrientes do ecossistema aquático. Veremos mais adiante que os fungos estão muitas vezes intimamente associados aos insectos, que podem ser organismos-chave nos sistemas aquáticos de água doce. Embora muitas vezes negligenciados, os fungos são um componente comum e importante de quase todos os níveis tróficos em qualquer ecossistema aquático (Vander Zanden & Gratton, 2011).

2.1 Vida dos fungos aquáticos

Os fungos aquáticos são heterotróficos, o que significa que dependem *sensu stricto* de matéria orgânica externa, que pode estar morta ou viva. Os sistemas aquáticos albergam uma multiplicidade de organismos que podem servir de hospedeiros adequados: algas de diferentes filos, cianobactérias, protistas, zooplâncton, peixes, aves, mexilhões, nemátodos, lagostins, ácaros, insectos, anfíbios, mamíferos, plantas e outros fungos (Ellis & Ellis, 1985). Os fungos são omnipresentes e, por conseguinte, estão associados a quase todos os organismos, frequentemente como parasitas, por vezes como simbiontes e, evidentemente, como decompositores. Juntamente com os fungos do solo, os fungos aquáticos actuam como importantes decompositores de POM: principalmente matéria orgânica particulada grosseira (CPOM), incluindo detritos de plantas e animais. O hábito de crescimento filamentoso é uma caraterística chave de muitos fungos aquáticos, e é responsável pela sua superioridade sobre as bactérias heterotróficas como colonizadores pioneiros. As hifas permitem que os fungos penetrem ativamente nos tecidos das plantas e absorvam os nutrientes internos. É por isso que Gessner & Van Ryckegem (2003) descrevem as hifas dos fungos como tubos digestivos auto-extensíveis que foram virados do avesso e crescem escondidos no interior do substrato.

Os fungos aquáticos que geralmente decompõem a folhagem e a madeira por meio de uma rede de hifas constituem o grupo polifilético conhecido como "hifomicetas aquáticos". Os hifomicetos aquáticos são mais comuns em águas limpas, bem oxigenadas e correntes (Barlocher, 1992) e caracterizam-se por serem fungos anamórficos com conídios tetraradiais ou sigmóides (estruturas de reprodução assexuada). De um ponto de vista taxonómico, estão principalmente associados aos *Ascomycota,* com apenas uma pequena percentagem afiliada aos *Basidiomycota.* Os hifomicetos aero-aquáticos, por outro lado, colonizam detritos vegetais submersos em águas estagnadas e de fluxo lento, tais como lagoas pouco profundas e depressões cheias de água.

Taxonomicamente, a maioria dos fungos aero-aquáticos são classificados como *Ascomycota*, embora quatro espécies aero-aquáticas tenham sido classificadas como *Basidiomycota* e uma como *Oomycete* (Shearer *et al.*, 2007). Estes fungos estão adaptados a habitats onde os níveis de água flutuam e estão sujeitos a secagem periódica, baixos níveis de oxigénio dissolvido e altos níveis de sulfureto. Por conseguinte, têm conídios flutuantes que são libertados à superfície da água quando o nível da água desce. Para além dos fungos aquáticos, os fungos terrestres entram no domínio aquático como decompositores pioneiros e endófitos de resíduos vegetais alóctones. Na água, contudo, são parcialmente substituídos por verdadeiros hifomicetas aquáticos. Depois de colonizarem o substrato e formarem redes internas de hifas, os POM são macerados, pelo menos em parte, pelos próprios fungos. Este processo é frequentemente acelerado pela atividade alimentar dos macroinvertebrados, que consideram as folhas colonizadas mais palatáveis (Van Donk *et al.,* 2003). Através de uma série de enzimas extracelulares, os fungos aquáticos são capazes de degradar a maior parte das substâncias poliméricas das folhas (hemiceluloses, celulose, amido, pectina e, em certa medida, lignina; Krauss *et al.,* 2011). Dependendo do tipo de folhada e da química da água, a decomposição fúngica das folhas pode durar de 1 a 6 meses. A situação é ligeiramente diferente para a decomposição fúngica de macrófitas emergentes, uma vez que a decomposição começa nos rebentos em pé.

Estes organismos não dependem de redes de hifas em grande escala e são capazes de reagir muito rapidamente às mudanças no seu ambiente. Os seus esporos móveis procuram ativamente substratos adequados utilizando a quimiotaxia. Quando atingem um substrato adequado, forma-se um apressório e a partícula é invadida por minúsculos rizóides que recorrem a reservatórios internos de nutrientes para produzir novos esporos num esporângio. Desta forma, todo o seu ciclo de vida pode ser completado em apenas alguns dias. Os tempos de geração curtos e a produção prolífica de esporos caracterizam estes fungos como r-estrategistas típicos. Um outro grupo polifilético de fungos aquáticos (com membros dos *Oomycetes, Zoopagomycotina* e *Basidiomycetes)* é especializado na caça com armadilhas. Estes fungos predadores encontram-se muitas vezes em material vegetal em decomposição ou em egas de animais. Utilizam armadilhas pegajosas, teias ou frondes para capturar as suas presas, geralmente amebas, rotíferos, nemátodos, vermes do fígado e pequenos artrópodes como os ácaros.

Um grupo importante de fungos endofíticos, claramente benéficos para as plantas, são os simbiontes micorrízicos presentes nas raízes de várias macrófitas aquáticas. Muitos dos simbiontes micorrízicos pertencem a um filo de "fungos inferiores" chamado *Glomeromycota.* Certas ordens de *Glomeromycetes* são simbiontes radiculares obrigatórios, caracterizados por uma micorriza vesicular e arbustiva (VSM) que fornece nutrientes aos seus hospedeiros. Em troca, a planta hospedeira fornece ao fungo açúcares ricos em energia, entre outras coisas. Pensava-se que os fungos VAM eram puramente terrestres, mas atualmente sabemos que são particularmente importantes em águas límpidas e pobres em nutrientes. Por exemplo, em águas oligotróficas, os fungos VAM permitem que as macrófitas cresçam em condições limitadas de nutrientes, fornecendo à planta nutrientes ligados à fase sólida (Baar *et al.,* 2011).

Os encontros com fungos podem ser fatais para as algas, especialmente se o seu sistema de defesa for violado pelo fungo. A importância ecológica desta interação negativa torna-se clara se considerarmos que o suicídio é um mecanismo de defesa comum nas algas. Se este progresso controlado, conhecido como hipersensibilidade, for iniciado no momento certo durante a infeção fúngica, resulta na interrupção do ciclo de infeção fúngica, porque a capacidade do parasita de se reproduzir através da produção de esporos é inibida. Este "comportamento" é uma sanção benéfica, pois protege a população de algas saudáveis, reduzindo a abundância do parasita mortal. No entanto, se falhar, o parasita prevalece, resultando numa mortalidade maciça das algas. Em casos raros mas significativos, os fungos causam danos graves a organismos aquáticos maiores. Alguns fungos, principalmente mas não exclusivamente *oomicetas*, infectam peixes ou ovos de peixes (Chukanhom & Hatai, 2004) e exercem assim uma forte pressão demográfica.

Isto é de grande importância para a aquacultura, uma vez que requer tratamentos antifúngicos, mas mesmo em sistemas naturais, os fungos têm o potencial de prejudicar seriamente *a população de* peixes nativos. *Aphanomyces astaci (Oomycetales)*, que causa a praga do lagostim, levou a população europeia de lagostins (família *Astacidea)* à beira da extinção (Reynolds, 1988). O parasita fúngico mais famoso é o *Batrachochytrium dendrobatidis (Chytridiomycetales), que está a* contribuir para a extinção global de várias espécies de anfíbios conhecidas e desconhecidas (Skerratt *et al,* 2007).

As plantas aquáticas são também muito afectadas por parasitas fúngicos. Um parasita de plantas recentemente descoberto é o *Pythium phragmites (Oomycetales), que* é *claramente* um importante agente causal do declínio do junco (Nechwatal et al., 2005). As leveduras comuns de água doce pertencentes a *Candida* e *Cryptococcus* são ambas potencialmente nocivas para os seres humanos (por exemplo, *C.albicans* e *C. tropicalis).* Estes fungos são frequentemente encontrados em zonas balneares (Vogel *et al.*, 2007). Vários dermatófitos e fungos queratinofílicos típicos são transmitidos pela água e podem também estar presentes em ecossistemas aquáticos (Ali-Shtayeh et al., 2002). No entanto, *os quitridiomicetos* e os microsporídios raramente são patogénicos e só infectam doentes imunodeficientes.

3.1 Diversidade de habitats aquáticos em grande escala

Muitos fungos aquáticos são sapróﬁtas que consomem matéria orgânica morta (Dodds, 2002), mas os fungos aquáticos também podem ser parasitas ou simbiontes.

Nos sistemas aquáticos, a estrutura da comunidade fúngica difere muito entre substratos (Mille-Lindblom *et al.*, 2006) e com as propriedades físico-químicas dos respectivos habitats, como o caudal (Baldy *et al.*, 2002), a concentração de oxigénio dissolvido (Medeiros et al., 2009), as concentrações de nutrientes, a salinidade, a temperatura e a profundidade (Wurzbacher et al., 2010). Consequentemente, as comunidades de fungos podem diferir entre rios, lagos pouco profundos e zonas húmidas, lagos profundos e outros habitats, como lagos salgados e estuários.

4.1 Diversidade fúngica nos cursos de água

Os habitats dos cursos de água de montanha são caracterizados por uma estrutura de charcos e riachos com um fluxo relativamente rápido e níveis elevados de oxigénio dissolvido. Estes cursos de água são estreitos e tendem a ser ladeados por vegetação ripícola suspensa. Estas caraterísticas criam um habitat ideal para os aquatohifomicetas. Nikolcheva & Barlocher (2004) estudaram a estrutura das comunidades de fungos em folhas imersas num riacho de montanha utilizando métodos moleculares. Os autores conseguiram determinar a diversidade dentro dos *Ascomycota, Basidiomycota, Chytridiomycota, Zygomycetes* e *Oomycetes* e descobriram que a comunidade de decompositores de folhas era dominada *pelos Ascomycota,* enquanto *os Basidiomycota* representavam uma fração pequena mas constante dos fungos aquáticos ( ). *Os Chytridiomycota* representavam uma proporção substancial da comunidade fúngica no inverno, enquanto *os Oomycetes* estavam presentes apenas no inverno.

Estas espécies de hifomicetos aquáticos ainda não foram associadas a um teleomorfo, mas são provavelmente afiliadas aos *Ascomycota*, uma vez que não apresentam caraterísticas morfológicas específicas dos *Basidiomycota* (Nawawi 1985). Nos rios de planície, o caudal permanece elevado, mas a qualidade da água e a fonte de produção primária são marcadamente diferentes das dos cursos de água de montanha. Canais mais largos levam a uma redução proporcional da folhada vegetal ribeirinha, e a produção de fitoplâncton é maior (Vannote *et al.*, 1980). As concentrações de nutrientes e de carbono orgânico dissolvido podem também ser mais elevadas, levando a concentrações mais baixas ou flutuantes de oxigénio dissolvido. Assim, embora os hifomicetos aquáticos ainda dominem a folhada submersa nestes cursos de água (Baldy *et al.*, 2002), a composição da comunidade fúngica difere da dos cursos de água de montanha (Shearer & Webster, 1985) e a acumulação de biomassa pode ser limitada pela competição com outros microrganismos, pelo enterramento do substrato e pela menor disponibilidade de oxigénio (Medeiros *et al.*, 2009).

5.1 Diversidade de fungos em lagos pouco profundos e zonas húmidas

Os fungos dominantes que colonizam a folhada vegetal submersa em habitats pouco profundos e estagnados - comuns em zonas húmidas e lagos pouco profundos - são os hifomicetos aero-aquáticos (Shearer *et al.*, 2007). Os hifomicetes aero-aquáticos podem ser encontrados em cursos de água e os hifomicetes aquáticos em zonas húmidas (Barlocher, 1992), mas os hifomicetes aero-aquáticos são capazes de competir com os hifomicetes aquáticos quando colonizam substratos em águas com baixo teor de oxigénio ou elevado teor de nutrientes (Voronin, 1997). *Os oomicetos* e os fungos terrestres também podem ser encontrados em zonas húmidas (Barlocher, 1992).

Os géneros de fungos normalmente encontrados nas zonas húmidas incluem *Alternaria, Cylindrocarpon, Cladosporium, Penicillium, Fusarium, Trichoderma* e hifomicetos aquáticos *(Alatospora, Tetracladium, Helicodendron, Helicoon, Saprolegnia, Achlya, Pythium (Ford,* 1993). Os líquenes aquáticos (uma parceria simbiótica entre um fungo e uma alga) estão potencialmente presentes na zona litoral de zonas húmidas, lagos e rios (McCarthy & Johnson, 1997), particularmente em regiões temperadas ou boreais (Hawksworth, 2000). São conhecidas cerca de 200 espécies de fungos liquenizados (Hawksworth, 2000). As principais ordens de *oomicetas* presentes nos meios aquáticos são as *Leptomitales, as Saprolegniales* e as *Peronosporales.* As suas necessidades de oxigénio dissolvido variam consideravelmente de uma espécie para outra e muitas delas não toleram uma salinidade elevada (Dick, 1972).

6.1 Diversidade fúngica em lagos e reservatórios profundos

Tem sido sugerido que os fungos zoospóricos e os seus propágulos são importantes para a dinâmica da teia alimentar pelágica, uma vez que são importantes parasitas de algas de água doce e podem, portanto, desempenhar um papel importante no controlo de florescimentos de fitoplâncton associados a diatomáceas (Kagami *et al.*, 2004) e cianobactérias (Chen *et al.*, 2010). Como resultado, as espécies aquáticas e terrestres são frequentemente isoladas dos sedimentos de lagos profundos. Para além disso, foi sugerido que as leveduras presentes nos sedimentos lacustres são originárias de plantas terrestres, e a UFC fúngica associada a *Mucoromycotina (Mucor* e *Rhizopus* sp.) isolada de vários reservatórios sérvios pode também ser de origem terrestre (Rankovic, 2005). No entanto, algumas espécies de leveduras, *Chytridiomycetes* e *Oomycetes* são capazes de se desenvolver vegetativamente em sedimentos lacustres (Ali & Abdel-Raheem, 2003).

7.1 Outros habitats aquáticos

Os fungos também podem ser encontrados em habitats aquáticos com condições ambientais adversas, como nascentes de enxofre (Luo *et al.*, 2005), pântanos e lagos ácidos (Voronin, 2010) e lagos vulcânicos (Sabetta *et al.*, 2000). Estudando a diversidade fúngica nos sedimentos de um estuário, Mohamed & Martiny (2011) verificaram que a composição da comunidade (ao nível da divisão) não diferia significativamente entre água doce, água salobra e água do mar. No entanto, a proporção de *Chytridiomycetes* e de espécies de linhagem basal desconhecida aumentou com a salinidade, e a diversidade de espécies foi mais elevada na zona salobra. Embora vários estudos tenham examinado os fungos que podem ser isolados de lagos salgados (Takishita *et al.*, 2007).

A atual biodiversidade fúngica sugere que as regiões do mundo mais ricas em espécies são as regiões temperadas e não as tropicais. Dado que muitas espécies de fungos são específicas do hospedeiro ou do substrato e que a biodiversidade vegetal e animal é mais elevada nas regiões tropicais, esta noção é contra-intuitiva. É muito provável que os esforços de amostragem da biodiversidade fúngica se tenham limitado em grande medida às regiões temperadas, onde se encontra a maioria dos taxonomistas de fungos (Shearer *et al.*, 2007).

Por outro lado, as estações, as temperaturas mais frias e as condições de humidade podem ser mais propícias à evolução dos fungos e à diferenciação de nichos. Tendo em conta as discrepâncias e lacunas acima mencionadas na diversidade de fungos aquáticos, parece apropriado lançar programas de amostragem coordenados a nível global, utilizando uma metodologia consistente para avaliar a biodiversidade fúngica em vários sistemas aquáticos em todo o mundo.Gessner & Van Ryckegem (2003) estimaram o número total de espécies de fungos aquáticos num máximo de 20.000 espécies diferentes, partindo do princípio de que apenas 5% delas foram descritas até à data. Embora apenas algumas espécies de fungos recentemente descritas tenham sido adicionadas nos últimos anos, foi encontrado um número crescente de sequências de ADN ambiental geneticamente distantes (Hibbett *et al,* 2011). Por exemplo, a biodiversidade das linhagens de fungos basais, que representam muitas espécies aquáticas, parece ser muito maior do que o esperado. Além disso, a biodiversidade destes filos basais é mais elevada nos sedimentos aquáticos do que nos solos terrestres (Mohamed & Martiny, 2011).

As estimativas mais elevadas da diversidade global de fungos atingem os 5 milhões de espécies (Blackwell, 2011). Os "fungos inferiores" acima mencionados pertencem aos *Eumycota,* excluindo os *Oomycetes* e os *Thaustrochytrids.* Atualmente, a proporção de espécies de fungos terrestres em relação às plantas terrestres é de aproximadamente 10,6:1. É muito provável que este rácio aumente no futuro, uma vez que os micologistas intensificaram muito os seus esforços para encontrar novas espécies de fungos. Os ecossistemas de água doce podem ser considerados habitats de fungos pouco explorados, com os poucos estudos moleculares atualmente disponíveis a indicarem uma elevada diversidade de espécies. Blackwell (2011) dá sugestões úteis sobre onde procurar estas espécies escondidas e destaca os insectos e outros animais como potenciais habitats de fungos. Por exemplo, num único estudo-piloto realizado em 2005, Suh et al. isolaram 196 novas espécies de leveduras das vísceras de escaravelhos comedores de fungos, aumentando assim o número total de espécies de leveduras descritas em todo o mundo em mais de 30%. Para além dos fungos que residem nos intestinos dos artrópodes, os endófitos dos ecossistemas de água doce são outra fonte emergente de grande biodiversidade fúngica. Por exemplo, aplicando ferramentas moleculares, Neubert *et al* (2006) encontraram mais de 600 unidades taxonómicas operacionais de fungos (uma medida da diversidade da sequência de ADN ambiental) numa única planta *(Phragmites australis)* de um único lago (Lago Constança).

Esta diversidade extraordinariamente elevada de fungos endo e ectofíticos põe em evidência uma diversidade fúngica associada aos organismos aquáticos superiores, até agora muito escondida. Como já referimos, os fungos parasitas dos sistemas pelágicos podem aumentar consideravelmente a diversidade fúngica global, que é suscetível de exceder largamente a dos fungos saprófitas. Este facto deve-se às seguintes caraterísticas dos fungos parasitas: (1) a presença de uma coevolução ataque-defesa especializada baseada na hipótese da rainha vermelha e (2) uma elevada especificidade para espécies hospedeiras de vários eucariotas. Uma estimativa precisa da sua diversidade é difícil porque os parasitas podem ser específicos de uma estirpe hospedeira (De Bruin *et al.*, 2008) ou abranger um espetro mais vasto de hospedeiros. Para além dos fungos parasitas, muitos fungos saprófitas oportunistas são específicos do hospedeiro (Sparrow, 1960). No entanto, a variabilidade da especificidade do hospedeiro e do substrato é elevada entre os fungos aquáticos e é difícil generalizar.

A zona ribeirinha/litoral dos sistemas aquáticos é um habitat ideal para os fungos e deve, por isso, ser o foco de investigação futura sobre a biodiversidade fúngica. As teias alimentares costeiras são altamente complexas e a riqueza de invertebrados, vertebrados e seus descendentes sugere uma interação estreita com uma comunidade diversificada de fungos, incluindo fungos parasitas, simbióticos e endofíticos. As zonas litorais são fortemente estruturadas por grandes macrófitas emergentes, macrófitas flutuantes e macrófitas submersas, que podem formar um prado denso e constituir habitats propícios à proliferação de fungos. A grande diversidade de algas, de espécies pelágicas e bentónicas e a sua função de zona de acumulação de nutrientes dissolvidos e de detritos terrígenos provenientes da bacia hidrográfica fazem da zona litoral um habitat ideal para os fungos. Os sedimentos costeiros são frequentemente bem arejados pelas raízes das macrófitas emergentes e submersas e formam microambientes com fortes gradientes físico-químicos que são frequentemente modificados pelo movimento da água e pela bioturbação por invertebrados como os mexilhões ou os quironomídeos. Por conseguinte, não é surpreendente que Willoughby (1961) tenha encontrado uma grande diversidade e atividade de fungos nos solos em torno dos lagos. Monchy *et al* (2011) observaram uma elevada biodiversidade nas águas costeiras, e Mohamed & Martiny (2011) encontraram uma relação positiva entre a biodiversidade fúngica e a abundância de macrófitas. No entanto, os fungos são muitas vezes difíceis de reconhecer devido a considerações metodológicas e morfológicas: um único alfa observado de uma espécie é visualmente indistinguível de mil outras espécies de fungos.

Os fungos variam muito em tamanho e muitos tendem a esconder-se no seu substrato, factores que os tornam difíceis de estudar e fáceis de ignorar. No entanto, o desenvolvimento recente e contínuo de ferramentas moleculares modernas está a permitir aos ecologistas obter uma melhor compreensão da biodiversidade e ecologia dos fungos aquáticos (Baar *et al.*, 2011). No entanto, a maioria das plantas aquáticas são apenas superficialmente examinadas para fungos (Orlowska *et al.*, 2004) e muitos microhabitats aquáticos inexplorados podem potencialmente servir como nichos para especialistas.

Outro fungo predador utiliza a estrutura superficial das macroalgas e cresce epifiticamente nos prados *de Characea.* O exemplo mais impressionante de relações inter-espécies com um grande impacto nas considerações gerais sobre a biodiversidade fúngica vem de membros da *família dos artrópodes.* Teoricamente, um único animal pode fornecer simultaneamente micro-habitats para vários fungos aquáticos (sem contar com os fungos saprófagos ou coprófagos): as células musculares do hospedeiro servem de habitat para parasitas intracelulares Microsporidia (Messick *et al.*, 2004); podem encontrar-se leveduras nos tecidos do hospedeiro (Ebert *et al.*, 2004); e *Chytridiomycetes* nocivos são ocasionalmente encontrados na hemocele (Johnson *et al.*, 2006).

Além disso, nos microhabitats aquáticos, as condições de oxigénio podem ser extremamente variáveis, pelo que é importante que os fungos sejam capazes de sobreviver ou mesmo crescer nessas condições. As condições anóxicas são comuns em sedimentos aquáticos, nos intestinos dos animais, em biofilmes, em partículas em decomposição ou, numa escala maior, em lagos di- a polimíticos cujas massas de água são sazonalmente anóxicas. Vários fungos podem suportar condições anóxicas ou mesmo crescer por fermentação (Held *et al.*, 1969).

8.1 Cogumelos em habitats hipersalinos

A restante água é salgada e não é elegível para consumo humano e usos agrícolas e industriais, devido à presença de elevadas concentrações de sódio, potássio, compostos de cálcio, magnésio, cloreto, sulfato, sais de carbonato e bicarbonatos (Donald *et al....... 2004),* 2004). O ambiente aquático salgado foi classificado em ambiente hipersalino, com uma concentração de salinidade de 30-40 partes por mil, e ambiente salobro, com uma concentração de 18-30 partes por mil. A água doce, por outro lado, tem uma concentração de 0,5 partes por mil (Kendrick, 2001). O ambiente de água salgada é adequado para muitos microrganismos, tais como algas, fungos e bactérias que se adaptaram a viver nestes ambientes com concentrações crescentes de iões cloreto, carbonato, magnésio e sódio (Moubasher *et al.*, 1999).

Nos últimos anos, a atenção centrou-se na questão da salinidade e das concentrações crescentes de água doce e salobra no ambiente, em resultado das alterações climáticas e da crescente proporção de desertificação. Esta última deve-se à falta de precipitação e à erosão dos solos à superfície dos rios e lagos. Foram adoptados vários mecanismos e biotecnologias para reduzir as concentrações de sal nestes ambientes, utilizando microrganismos halófilos adaptados à vida nestes ambientes. As concentrações elevadas de sal provocam um aumento da pressão osmótica intracelular nos microrganismos, que são comensais nestes meios. Por conseguinte, os microrganismos recorreram a vários mecanismos que lhes permitem coexistir com concentrações elevadas de sal e os compostos são explorados para a sustentabilidade da vida e proliferação, incluindo a sua capacidade de transformar e degradar compostos enzimáticos em sal (Almagro *et al.*, 2000). Um estudo (Tina *et al*, 2005) mostrou que os fungos *Hortaea werneckii* e *Aureobasidium* pullulans eram capazes de reduzir altas concentrações de sais de sódio e potássio no ambiente de água salgada a taxas de 45-60% durante um período de 15 dias, Do mesmo modo, (Hawksworth, 2007) isolou mais de 14 isolados fúngicos pertencentes aos géneros *Aspergillus, Cladosporum* e *Penicillium* da água salobra do pântano rica em sais de sódio, magnésio e bicarbonato.Os isolados fúngicos têm a capacidade de viver em concentrações de sal de até 20 partes por mil, e a sua exploração dos sais é crucial para a sua sobrevivência e reprodução. No estudo (Tiquia *et al....)* mostrou a eficácia de certos fungos em águas salobras, 2007) mostrou a eficácia de certas estirpes de fungos isoladas do ambiente aquático marinho para coexistir numa ampla gama de concentração de salinidade, que atingiu 70 partes por mil e que tem a capacidade de reduzir a concentração de sal para mais de 60% em sete dias.

Certos tipos de fungos adaptam-se a um ambiente salino. Os fungos necessitam de dois elementos essenciais para viver, a formação das hifas fúngicas, a construção da parede celular e as enzimas analíticas. O elemento carbono é agregado no meio salino a partir de sais de bicarbonato e de carbonato (Pitt e Hocking, 2002). Da mesma forma, os fungos existentes no ambiente salino necessitam de azoto e fósforo na formulação sob a forma de nitrato, nitrito e sais de fosfato para construir enzimas, proteínas e a parede celular (Kis-Papo *et al,* 2001).

O estudo (Oren, 2001) mostrou a presença de fungos a diferentes profundidades no ambiente marinho, bem como nas profundezas do oceano. Estas espécies de fungos estavam adaptadas a viver em concentrações elevadas de sal de cerca de 60 partes por mil. O estudo (Hyde e Pointing, 2000) demonstrou a presença dos fungos *A. candidus, A. melleus, A. niger, A. ochraceus, Chaetomium globosum, P. citrinum, P. chrysogenum* e *Cladosporum cladosporioides*, e a sua prevalência em água salobra e salgada, que têm a capacidade de resistir a baixas concentrações de oxigénio nestes ambientes (Newell, 2009). No seu estudo sobre a presença dos fungos *Aspergillus niger, A. ochraceus* e *P. citrinum* em águas salinas, Oren (2002) demonstrou que as concentrações de oxigénio são baixas e as concentrações de cloreto de sódio e de carbonato são elevadas. A água salgada é um dos ambientes em que a concentração de oxigénio é insignificante devido às elevadas concentrações de compostos iónicos, como cloretos, carbonatos e bicarbonatos (EP A, 2009).

Do mesmo modo, um estudo (Casillas-Marti'nez *et al.,* 2005) mostrou a presença dos fungos *Cladosporum cladosporioides* , *C. sphaerospermum* , *Myrothecium roridum* e *Hortaea werneckii* no ambiente de água salgada dos pântanos do sul de Itália, que têm concentrações muito elevadas de cloreto de sódio, e estes fungos adaptaram-se à vida, reprodução e crescimento em concentrações elevadas de sal. Sharon et al (2006) isolaram 36 estirpes de fungos de água salgada no seu estudo, incluindo espécies de *Aspergillus, Penicillium* e *Cladosporum*, e mostraram que estas estirpes diferem das que coexistem com saprófitas em alimentos e materiais orgânicos em termos de condições de vida e qualidade enzimática.

As concentrações elevadas de salinidade no meio aquático provocam um aumento da pressão de osmose nas células intracelulares dos microrganismos, provocando o inchaço e a rutura da célula, de modo que os compostos iónicos e salinos são transferidos para o interior das células para aumentar as concentrações no meio (Woolard, e Irvine, 1999) Os fungos que coexistem nestes ambientes possuem várias regulações preventivas que lhes permitem adaptar-se à vida numa ampla gama de concentrações de salinidade elevada, para além de manterem a pressão de osmose nas suas células e o equilíbrio com o ambiente (Blum *et al.*, 2004) :

Em primeiro lugar: as hifas dos fungos estão rodeadas por membranas hialinas e a parede celular das hifas segrega substâncias sacarídeas gelatinosas. Esta é a camada protetora que envolve as hifas dos fungos (Buchan *et al.*, 2003). Tal como demonstrado (Horner-Devine *et al.*, 2003) no seu estudo, a capacidade dos fungos que coexistem num ambiente de água salgada para construir uma membrana protetora envolve as hifas fúngicas. Esta fornece isolamento e proteção aos fungos contra concentrações crescentes de salinidade e regula o processo de troca de material intra e extracelular nos fungos. O estudo (Shearer *et al.*, 2007) mostrou que a membrana hialina que envolve a parede celular dos fungos. Tem uma capacidade de organização porque permite a passagem de certas concentrações de sal. Preserva a pressão de osmose no interior da célula e impede a sua rutura.

Segundo: os fungos dependem da mecânica de um complexo que converte as elevadas concentrações de cloretos, sulfatos, bicarbonatos e outros sais do meio salino em materiais essenciais para a construção da parede celular e em grânulos de amido no citoplasma da célula, que são armazenados como materiais nutritivos (Mejanelle *et al.*, 2001). O estudo (Van der Heijden *et al.*, 2010) demonstrou a capacidade dos fungos micorrízicos, que coexistem num ambiente de água salgada, de explorar o carbono contido nos sais de carbonato e bicarbonato para construir açúcares e libertar a energia necessária para a sobrevivência, reprodução e crescimento. De acordo com o estudo (Sahan e Muyzer, 2008), os fungos encontrados em ambientes de água salgada possuem um conjunto complexo de enzimas que diferem das dos organismos vivos saprófitas em materiais orgânicos. Estas enzimas são eficazes na degradação e análise de materiais nestes ambientes.

Terceiro: os fungos que coexistem no ambiente salino têm a capacidade de construir proteínas ácidas na parede celular, estas proteínas têm vários grupos terminais, tais como OH^- (Buchalo *et al.,* 2000). Esta caraterística permite aos fungos adsorver iões carregados positivamente, tais como potássio, magnésio, cálcio e sódio, que existem em concentrações elevadas em ambientes salinos (Butinar *et al.,* 2005). Num estudo (Sharon *et al.,* 2006), foi demonstrado que os fungos *Cladosporium cladosporioides*, *Aspergillus* sp. e *Penicillium* sp. têm a capacidade de adsorver iões de potássio e sódio nas suas paredes celulares e reduzir as concentrações de iões na amostra de água salgada para uma percentagem elevada.

Os fungos dispõem de um mecanismo enzimático eficiente para decompor substâncias orgânicas com longas cadeias de carbonato e explorar o elemento carbono para o seu crescimento. Estas enzimas incluem a fenol oxidase, a peroxidase, a celulase, a lenhinase e a quitinase (Buchan *et al.,* 2002). Os fungos em ambientes salinos e salobros diferem dos de outros ambientes, sendo sapróftas nos alimentos ou presentes no solo. Existem também em ambientes ricos em matéria orgânica e hidrocarbonetos, que se caracterizam pela posse de uma especialidade enzimática. Tem a capacidade de degradar a matéria orgânica e de converter alguns dos sais presentes na água salgada, como o : Bicarbonato e carbonato em substâncias açucaradas (Ferris *et al.,* 2011). Foi demonstrado (Frau *et al.,* 2002) que a enzima peroxidase é produzida por *Aspergillus, Cladosporum* e *Penicillium*, que são saprófitas em legumes e frutas. Estas enzimas diferem na sua estrutura molecular e eficácia da mesma enzima, que é segregada pelos mesmos fungos encontrados no ambiente de água salgada.

9.1 Impacto da temperatura e das alterações climáticas nos fungos aquáticos

A temperatura é geralmente considerada como o fator ambiental mais importante que afecta as funções metabólicas e, em última análise, o crescimento e a sobrevivência dos microrganismos (Madigan *et al.,* 2009). Caracteriza-se por três pontos cardeais: T min, abaixo do qual não é possível qualquer crescimento, T opt, em que o crescimento é mais rápido e T max, acima do qual não é possível qualquer crescimento. As três temperaturas são geralmente diferentes para o crescimento e a reprodução. As espécies de hifomicetas aquáticos de regiões temperadas são menos inibidas por temperaturas da água próximas de 01°C do que os fungos filoplanos (B'arlocher & Kendrick, 1974). O seu crescimento atinge geralmente o pico entre 15 e 251C, enquanto a esporulação é máxima a temperaturas ligeiramente inferiores (Dang *et al.*, 2009).

Acima dos mínimos e máximos, as temperaturas que matam a colónia individual ou o propágulo são importantes. Por exemplo, foi demonstrado que as espécies temperadas têm mais probabilidades de sobreviver às geadas do que as espécies tropicais (Sridhar & B'arlocher, 1993); o inverso pode ser verdadeiro para a sobrevivência a temperaturas elevadas. A ocorrência e a frequência destes fenómenos extremos podem ter um efeito profundo na sobrevivência das espécies.

sobre a composição e as actividades da comunidade fúngica e ultrapassam o impacto da tendência geral em . Outro ponto a considerar é o facto de a temperatura raramente permanecer estacionária. O crescimento médio durante um período de 24 horas só é idêntico ao crescimento à temperatura média durante o mesmo período se a relação entre o crescimento e a temperatura for linear. Se a curva for côncava para baixo (por exemplo, em forma de n), é mais baixa; se a curva for côncava para cima (por exemplo, em forma de u), é mais alta. Por exemplo, as oscilações de temperatura em torno de 81C aceleraram a decomposição em 18% (51 oscilações) e 31% (91 oscilações), respetivamente (Dang et al., 2009).

É de esperar que estas respostas à temperatura influenciem a abundância sazonal e regional de espécies individuais e, consequentemente, a composição da comunidade fúngica, embora as provas raramente sejam diretas e sugiram que o contexto ecológico (nutrientes, oxigénio, interações biológicas) pode modular fortemente as preferências de temperatura (B'arlocher, 1992b). Por exemplo, Flagellospora penicillioides e Lunulospora curvula não se desenvolvem abaixo de 51°C, pelo que não é surpreendente que desapareçam dos cursos de água durante as estações mais frias (Webster et al., 1976; Suberkropp, 1984). Num riacho do Michigan, foram identificados grupos distintos de inverno e de verão; no entanto, as respostas do crescimento à temperatura das culturas apenas explicam parcialmente os seus ciclos sazonais (Suberkropp, 1984). Numa escala mais alargada, as preferências de temperatura das espécies individuais estão largamente relacionadas com a distribuição geográfica (B'arlocher, 1992b), e espécies como F. penicillioides, Lunuluspora cymbiformis e Triscelophorus acuminatus são mais comuns em cursos de água subtropicais ou tropicais (Santos-Flores & Betancourt-

L'opez, 1997).

Prevê-se que a utilização continuada de combustíveis fósseis aumente os níveis de CO2 atmosférico de cerca de 380 pL L^{-1} para entre 490 e 1060 pL L^{-1} até ao final do século, contribuindo para um aumento da temperatura média global entre 1 e $61^{0}C$ (IPCC, 2007). Além disso, prevê-se um aumento da frequência de fenómenos meteorológicos extremos (por exemplo, temperaturas recorde altas ou baixas, inundações, secas) e da variabilidade global. Estas alterações irão influenciar as actividades dos fungos aquáticos e, por extensão, a sua distribuição e presença, bem como a composição das comunidades fúngicas. Devido aos numerosos e estreitos ciclos de retroação dos fungos com os recursos (detritos vegetais), potenciais concorrentes (bactérias, invertebrados) e predadores (invertebrados), a previsão das respostas dos fungos às alterações ambientais e os efeitos resultantes nos processos ecossistémicos constituem desafios formidáveis. Como a temperatura da água nos rios temperados é geralmente inferior à temperatura óptima para a maioria dos fungos (ver referências acima), uma consequência primária imediata de um aumento de alguns graus seria uma aceleração da taxa de decomposição. Este facto foi confirmado no habitat hiporreico de um ribeiro, onde a temperatura foi artificialmente aumentada em 4,31°C (B'arlocher *et al.*, 2008).

Em comparação com uma secção de controlo não aquecida, reduziu o número de fragmentos de folhas, que são os principais substratos para os hifomicetos aquáticos (B'arlocher *et al.*, 2006). Além disso, o número de espécies de fungos em fragmentos do habitat aquecido foi reduzido. B'arlocher *et al* (2008) concluíram que a taxa acelerada de decomposição reduz a oferta de substratos adequados e que a sua capacidade para suportar colónias de fungos se deteriora rapidamente. Os invertebrados folívoros não foram explicitamente estudados, mas tinham livre acesso a fragmentos de folhas. No entanto, parece provável que o seu impacto seja muito menor na zona hiporreica do que à superfície do leito do curso de água (Cornut *et al*, 2010).

Foi também observada uma decomposição acelerada quando as folhas pré-incubadas num riacho (temperatura ambiente 181C) foram expostas em microcosmos a um tratamento de "aquecimento" ($251^{0}C$, vs.

controlo a $181^{0}C$) (Fernandes *et al.*, 2009b). Um tratamento de congelação e descongelação entre a exposição no ribeiro e no microcosmos, um exemplo de um evento extremo que poderá tornar-se mais frequente devido às alterações climáticas, atrasou a decomposição e causou a extinção de L. curvula, uma espécie típica do verão. Numa experiência em microcosmos com uma mistura de seis culturas puras, a taxa de decomposição aumentou entre 5 e 151^{0}C (Ferreira & Chauvet, 2010).

A taxa de aumento foi significativamente mais elevada à temperatura mais alta, quando foram adicionados nutrientes (nitrato e fosfato). O aumento da eutrofização é comum em muitos cenários de alterações globais (IPCC, 2007). Muitos estudos examinaram os efeitos da principal causa das alterações climáticas, o aumento dos níveis de CO2, na qualidade da folhada. Em geral, isto resulta num aumento da biomassa foliar, da relação C/N, das concentrações de taninos e de outros compostos fenólicos e numa diminuição dos níveis de azoto (Ferreira *et al.,* 2010a), com consequências negativas para os herbívoros. No entanto, numa extensa revisão de estudos principalmente terrestres, Norby *et al.* (2001) não conseguiram detetar um impacto negativo consistente destas alterações nas taxas de decomposição a curto prazo ou na respiração da folhada em decomposição.

As taxas de crescimento e de sobrevivência foram geralmente mais elevadas à temperatura mais baixa. O objetivo final da biologia climática é prever as alterações nos ecossistemas fluviais devido ao aumento do CO2 e da temperatura. Em B'arlocher *et al.* (2008), foram discutidas várias deficiências e armadilhas das abordagens atualmente utilizadas. Em primeiro lugar, não podemos assumir que o aumento da temperatura e dos níveis de CO2 têm o mesmo efeito e actuam de forma independente (aditiva). Por exemplo, níveis elevados de CO2 aumentaram a afetação fenólica em três árvores de folha caduca, mas a temperatura elevada teve o efeito oposto. Em combinação, o efeito global foi zero (Veteli *et al.,* 2007). O mesmo princípio aplica-se às experiências de decomposição: a temperatura e os níveis de CO2 devem ser elevados para simular os efeitos das alterações globais. A química das folhas influenciada pelos níveis de CO2 e pela temperatura durante um ensaio de alimentação interagiu fortemente quando se estudou a sua capacidade de alimentar um detritívoro (Ferreira *et al.,* 2010a).

Um outro ponto potencialmente decisivo diz respeito à transição entre as condições actuais e as previstas: uma comunidade micorrízica reagiu fortemente a uma duplicação súbita da concentração de CO2, mas não a uma alteração gradual da mesma magnitude repartida por 6 anos (Klironomos *et al.*, 2005). É provável que as alterações climáticas previstas se estendam por várias décadas. Numa determinada bacia hidrográfica, os membros da comunidade de plantas ripícolas existentes desaparecerão se não se conseguirem adaptar às condições em mudança. A eles podem também juntar-se espécies invasoras (que, enquanto microrganismos, podem ser "invisíveis") (Litchman, 2010).

Os hifomicetas aquáticos locais devem, por sua vez, adaptar-se às alterações climáticas e à química dos recursos, bem como aos concorrentes microbianos invasores, ou correm o risco de extinção. Os níveis tróficos seguintes, os invertebrados foliáceos, terão de lidar com o complexo modificado de fungos foliáceos, as alterações climáticas e os invasores. A extensão e a direção destes ciclos de retroação interdependentes dependerão do contexto inicial e do potencial evolutivo dos conjuntos de espécies locais e vizinhos; as cascatas resultantes podem tornar-se extremamente complexas e os resultados difíceis de prever. Uma simulação em grande escala dos efeitos conjuntos dos regimes de temperatura e de caudal nos rios mediterrânicos sugeriu um aumento do metabolismo e da exportação de carbono orgânico nos cursos de água (Acu'na & Tockner, 2010).

Dada a ubiquidade dos hifomicetas aquáticos em todos os continentes, a sua capacidade de colonizar essencialmente todos os tipos de folhada vegetal e os seus ciclos de vida curtos, que facilitam mudanças evolutivas rápidas (B'arlocher, 1992b), as extinções em massa devidas às alterações climáticas parecem improváveis. No entanto, a curto prazo, o empobrecimento da vegetação ripícola pode reduzir a diversidade local de fungos, o que, por sua vez, pode reduzir o valor nutricional das folhas condicionadas (Lecerf *et al.*, 2005). As alterações climáticas dos últimos 55 anos tiveram geralmente um impacto positivo na produtividade das florestas onde a água não é limitante (Boisvenue & Running, 2006), e o período de frutificação dos fungos florestais aumentou desde 1985 (Gange *et al.*, 2007), o que sugere um aumento do crescimento micelial e da renovação da matéria orgânica em resposta ao aquecimento climático.

Capítulo 2: Capacidades fisiológicas e bioquímicas dos fungos face aos desafios ambientais :

1.2 Capacidades fisiológicas e bioquímicas

Resposta aos metais As concentrações elevadas de metais essenciais e a presença de metais tóxicos causam grandes problemas ao ambiente e à saúde humana devido aos efeitos tóxicos em diferentes biotas, à transferência trófica e à biomagnificação nas cadeias alimentares. A investigação ecológica e ecobioquímica sobre metais pesados é um esforço interdisciplinar que tem em conta tanto factores bióticos como abióticos. Existe um interesse crescente em compreender as propriedades ecológicas, fisiológicas e bioquímicas que permitem a certos fungos colonizar e viver em habitats poluídos por metais pesados. Juntamente com as bactérias, os fungos aquáticos são componentes essenciais dos habitats aquáticos. Os recursos contidos nos substratos são eficientemente libertados pelos micélios, ou seja, redes filamentosas de hifas. Os fungos filamentosos têm uma elevada relação superfície/volume e, por isso, oferecem uma grande superfície de contacto com os metais presentes no ambiente. Desenvolvem-se através da extensão das extremidades das hifas, formando uma rede micelial em expansão (Steinberg, 2007).

As hifas navegam em torno de superfícies biológicas ou abióticas. A sua orientação é um aspeto vital do crescimento dirigido, da morfogénese e da ecologia espacial (Brand & Gow, 2009). A especiação de metais pesados no ambiente e a sua biodisponibilidade exerceram pressões selectivas sobre microrganismos procarióticos e eucarióticos, muitos dos quais desenvolveram mecanismos para resistir a concentrações elevadas destes poluentes (Gadd, 2010). Os fungos terrestres e aquáticos desenvolveram respostas de stress às alterações ambientais: resistência [resposta imediata, por exemplo, resposta a espécies reactivas de oxigénio (ROS), síntese intracelular de péptidos e proteínas quelantes] e tolerância (baseada nas propriedades bioquímicas e estruturais intrínsecas das células fúngicas, por exemplo, alterações na permeabilidade da parede celular, lamas e enzimas extracelulares, excreção de metabolitos) (Krauss *et al.*, 2008; Schlosser *et al.*, 2008).

Os mecanismos de tolerância dos fungos dependem (1) do estado metabólico e nutricional do fungo, que pode induzir uma resposta adaptativa ao stress, e (2) da concentração de aniões e metais na água, do valor do pH e das constantes de estabilidade de complexos extracelulares específicos. Devido ao facto de acumularem mais biomassa, os fungos filamentosos podem sequestrar maiores quantidades de metais do que as bactérias (Massaccesi *et al.*, 2002). A análise das respostas adaptativas ao stress causado pelos metais ajudar-nos-á a explorar o funcionamento e a regulação do metabolismo celular dos fungos e a elucidar a dinâmica dos processos bioquímicos influenciados pelos metais e as suas consequências ecológicas. A precipitação extracelular de iões metálicos nas células hifais ou à sua volta representa um sumidouro de metais. A capacidade de ligação aos metais é influenciada pelo pH ambiental, pela densidade das hifas e pela excreção de compostos orgânicos (Gadd, 2007).

2.2 Atividade enzimática

As enzimas são catalisadores orgânicos produzidos pelas células vivas. Permitem que as reacções bioquímicas necessárias aos processos fisiológicos ocorram nas condições restritas de pH, pressão, temperatura e outras condições que existem nas células vivas. São as enzimas específicas presentes que determinam as transformações químicas que terão lugar num determinado organismo. As enzimas são geralmente moléculas proteicas termolábeis, solúveis em água, com um peso molecular entre 20.000 e 500.000. Podem ou não conter um grupo prostético não proteico.

A degradação enzimática da matéria orgânica, como a celulose, por fungos é de grande importância biológica e económica. É um dos passos necessários para equilibrar as forças opostas de síntese e degradação no ciclo do carbono e limita significativamente a utilidade da madeira, do papel, da pasta de papel, do algodão, do rayon, do celofane e de um grande número de outros materiais celulósicos de grande utilidade e diversidade. Trata-se de um tema de grande interesse prático e fundamental, nomeadamente para os fitopatologistas.

As reacções catalisadas por enzimas seguem as leis habituais do equilíbrio químico e da cinética. Tal como os catalisadores inorgânicos, as enzimas têm as seguintes propriedades:

Aumentam a velocidade de uma reação química sem serem permanentemente modificadas durante o processo. O contacto real entre uma enzima e a substância (substrato) sobre a qual actua é necessário para a catálise.

São activas em concentrações muito baixas. Uma molécula de enzima é capaz de catalisar a transformação de 100 a 3 000 000 moléculas de substrato por minuto em condições óptimas, dependendo da enzima em questão. Não determinam o curso de uma reação química reversível, mas servem para acelerar a obtenção de condições de equilíbrio numa ou noutra direção. Muitas reacções bioquímicas reversíveis só se processam a uma velocidade apreciável na presença de uma enzima adequada. As enzimas conseguem-no reduzindo a energia necessária para iniciar a reação. O progresso de uma reação catalisada por uma enzima é determinado pela concentração das moléculas de substrato e de produto em relação à constante de equilíbrio da reação em causa. Não é afetada pela concentração da enzima presente.

A velocidade das reacções que catalisam aumenta diretamente com a temperatura. Algumas enzimas são segregadas pelas células em que são formadas e actuam extracelularmente; outras são activas no interior das células que as produzem e são chamadas enzimas intracelulares. A degradação da celulose pelos fungos envolve enzimas de ambos os tipos. A celulose é digerida fora da célula por hidrólise das suas grandes moléculas em açúcares hidrossolúveis de baixo peso molecular. Estes açúcares são depois transportados para o interior da célula onde são transformados por enzimas intracelulares em vários produtos de degradação dos quais o organismo obtém energia e as substâncias necessárias ao seu crescimento. Algumas enzimas só são produzidas em quantidades demonstráveis na presença do substrato sobre o qual exercem a sua atividade. Trata-se de enzimas adaptativas, por oposição às enzimas constitutivas, que são produzidas por células cultivadas em qualquer substrato suscetível de favorecer o seu desenvolvimento. As celulases produzidas pelos fungos são geralmente adaptativas; as produzidas pelas bactérias são geralmente constitutivas (Ellis, 1959).

1.2.2 Materiais lenhocelulósicos :

A lignocelulose é um material orgânico renovável e é o principal componente estrutural de todas as plantas. Os resíduos lenhocelulósicos são produzidos em grandes quantidades por muitas indústrias, incluindo a silvicultura, a pasta e o papel, a agricultura e a alimentação. Também estão presentes nos resíduos sólidos urbanos (RSU) e nos resíduos animais (Wen *et al.,* 2004). Estes materiais potencialmente valiosos foram tratados como resíduos em muitos países no passado, e ainda hoje são tratados como tal em alguns países em desenvolvimento, o que suscita muitas preocupações ambientais (Palacios-Orueta *et al.*, 2005).

A lignocelulose é composta por três componentes principais: celulose, hemicelulose e lignina. Além disso, podem ser encontradas pequenas quantidades de outros materiais, como cinzas, proteínas e pectina, nos resíduos lignocelulósicos, em diferentes graus, dependendo da fonte. A celulose, o principal constituinte de toda a matéria vegetal e a molécula orgânica mais abundante na Terra, é um biopolímero linear constituído por moléculas de anidroglucopiranose (glucose) ligadas por 0-1,4 ligações glicosídicas. O acoplamento de cadeias de celulose adjacentes por ligações de hidrogénio, interações hidrofóbicas e forças de Van der Waal resulta no alinhamento paralelo de estruturas cristalinas conhecidas como microfibrilas. Ao contrário da celulose, as hemiceluloses são polímeros heterogéneos de pentoses (incluindo xilose e arabinose), hexoses (principalmente manose, menos glucose e galactose) e ácidos de açúcar. A composição altamente variável das hemiceluloses depende da fonte vegetal (Saha, 2000; Saha2003).

A lenhina, o segundo biopolímero mais abundante na Terra e um polímero heterogéneo presente nos resíduos lignocelulósicos, é o único polímero sintetizado naturalmente com uma estrutura aromática. Contém geralmente três precursores de álcool aromático, incluindo o álcool coniferílico, o sinapílico e *o p-cumarílico.* Estes precursores formam, respetivamente, as subunidades guaiacila (G), siringil (S) e *p-hidroxifenil* (H) da molécula de lenhina (Martinez *et al.,* 2005).

A proporção de subunidades e, por conseguinte, a composição da lenhina, varia entre diferentes grupos de plantas. O acoplamento oxidativo destes monómeros de álcool aromático da lenhina cria uma estrutura complexa na lenhina que é altamente resistente à degradação. Ao ligar-se tanto às hemiceluloses como à celulose, a lenhina actua como uma barreira a qualquer solução ou enzima e impede a penetração de enzimas lignocelulolíticas na estrutura lignocelulósica. Não é surpreendente que, dos componentes do material lignocelulósico, a lenhina seja o mais resistente à degradação. Embora a lenhina seja resistente ao ataque da maioria dos microrganismos, os basidiomicetos, fungos da podridão branca, são capazes de a degradar eficientemente (Wong, 2009).

Fungos produtores de enzimas lignocelulolíticas: Os fungos produtores de enzimas lignocelulolíticas estão disseminados em ambientes aquáticos e incluem espécies dos filos ascomicetes (por exemplo, *Trichoderma reesei)* e basidiomicetes, tais como fungos de podridão branca (por exemplo, *Phanerochaete chrysosporium)* e fungos de podridão castanha (por exemplo, *Fomitopsis palustris)* e oomicetes (por exemplo, *Achlya).* Além disso, algumas espécies anaeróbias (por exemplo, *Orpinomyces sp.) são* capazes de degradar a celulose no trato gastrointestinal dos ruminantes. A degradação da biomassa por estes fungos é realizada por misturas complexas de celulases, hemicelulases e ligninases, reflectindo a complexidade dos materiais. Na natureza, a degradação da biomassa celulósica é levada a cabo por misturas de enzimas hidrolíticas conhecidas coletivamente como celulases. As celulases incluem enzimas com ação endógena (endoglucanases) e exógena (celobiohidrolases), que se comportam de forma sinérgica nos micróbios que degradam a biomassa (Bayer et al., 1998; Weng *et al.,* 2008).

Muitos microrganismos, incluindo fungos e bactérias, demonstraram ser capazes de degradar a celulose e outras fibras da parede celular das plantas em ambientes aquáticos. Foram isoladas mais de 14.000 espécies de fungos que expressam esta capacidade, mas apenas algumas foram estudadas em profundidade. A maioria das estirpes de fungos produz e segrega uma variedade de enzimas lignocelulolíticas sinérgicas no ambiente, contribuindo significativamente para a decomposição de resíduos lignocelulósicos na natureza. A decomposição da biomassa lignocelulósica envolve a formação de polissacáridos de cadeia longa, principalmente celulose e hemicelulose, e a subsequente hidrólise destes polissacáridos nos seus açúcares constituintes de cadeia de 5 e 6 carbonos. Na natureza, a degradação eficiente da lenhina durante o processo de decomposição da madeira foi possibilitada principalmente por fungos basidiomicetos de podridão branca. Muitos fungos de podridão branca atacam simultaneamente a lenhina, a hemicelulose e a celulose, enquanto outros fungos de podridão branca trabalham seletivamente na lenhina (Guerra *et al.,* 2004; Dashtban., 2009).

2.2.2 Ligninases extracelulares fúngicas :

Os fungos degradam a lenhina através da secreção de enzimas coletivamente conhecidas como lenhinases. As lenhinases podem ser classificadas como fenol oxidases (laccase) ou heme peroxidases (lenhina peroxidase (LiP), manganês peroxidase (MnP) e peroxidase polivalente (VP)). Em geral, as laccases utilizam o oxigénio molecular como aceitador de electrões, enquanto as peroxidases utilizam o peróxido de hidrogénio como acosubstrato (Wesenberg *et al.,* 2003). Os fungos *Oomycete* segregam, de forma variada, uma ou mais enzimas modificadoras da lenhina (LME), para além de outros compostos necessários para uma degradação eficaz da lenhina. Foi demonstrado que *o P. chrysosporium* produz várias isoenzimas LiP e MnP, mas não lacase (Singh e Chen, 2008). Do mesmo modo, o oomiceto *Liptomytusc contém* dez genes LiP e cinco genes MnP (Martinez et al., 2004). Além disso, foi descoberta uma enzima geradora de H_2O_2, a glioxal oxidase (GLOX), em *P. chrysosporium* e nos fungos aquáticos *OomycetesLiptomytusc* e. Os basidiomicetos de podridão branca, como *Coriolus versicolor, P. chrysosporium* e *T. versicolor* (Moredo *et al.,* 2003), foram considerados os microrganismos mais eficazes na degradação da lenhina. Embora o LiP seja capaz de oxidar a parte não fenólica da lenhina (que constitui 80-90% da composição da lenhina), está ausente em muitos fungos que degradam a lenhina. Além disso, estudos de microscopia eletrónica das fases iniciais da degradação da madeira por fungos mostraram que as enzimas lenhinolíticas oxidantes são demasiado grandes para penetrar nos microporos da parede celular da madeira. Por conseguinte, foi sugerido que, antes do ataque enzimático, os compostos oxidantes difusíveis e reactivos de baixo peso molecular devem iniciar alterações na estrutura da lenhina (Srebotnik *et al.,* 1988; Tanaka *et al.,* 1999).

3.2.2 Fenol oxidases (lacases) :

As laccases são multicoxidorredutases azuis glicosiladas (BMCO) que utilizam o oxigénio molecular para oxidar uma variedade de compostos aromáticos e não aromáticos através de um mecanismo de reação catalisado por radicais. As laccases associam a redução eletrónica do dioxigénio a duas moléculas de água à oxidação de uma grande variedade de substratos, como os asfenóis, as arilaminas, as anilinas, os tióis e as lenhinas (Thurston, 1994).

O processo redox é mediado por quatro iões de cobre no seu centro catalítico. São classificadas como do tipo 1 (T1), do tipo 2 (T2) e duas do tipo 3 (T3), com base nas propriedades de coordenação e espectroscópicas do cobre. As reacções de oxidação catalisadas pelas lacases conduzem à formação de radicais livres, que servem de substratos intermédios para as enzimas (Ferraroni *et al.*, 2007).

Estes mediadores podem sair do local da enzima e reagir com uma vasta gama de substratos a um potencial redox elevado, criando vias não enzimáticas para reacções de polimerização ou despolimerização oxidativas. Em última análise, o sistema lacase-mediador (LMS) está envolvido numa série de funções fisiológicas, como a lenhólise, a síntese de lenhina, a morfogénese, a patogénese e a desintoxicação (Mayer e Staples, 2003).

Do mesmo modo, ascomicetes como *Melanocarpus albomyces, chytrids, Chaetomium thermophile, Magnaporthegrisea, Myrothecium verrucaria* e *Neurospora crassa* , isolados de águas superficiais, são capazes de produzir laccases (Sulistyaningdyah et al., 2004). Como as lacases funcionam eficientemente numa vasta gama de substratos sem cofactores, podem ter um valor significativo em numerosas aplicações biotecnológicas, tais como o ambiente, os biossensores, as indústrias alimentar e têxtil, a bioremediação da água e a produção de polímeros complexos em química sintética (Mustafa *et al.,* 2005).

4.2.2 Heme Peroxidases :

As LiPs são glicoproteínas contendo heme que desempenham um papel central na biodegradação da lignina, um constituinte da parede celular. As LiPs catalisam a despolimerização oxidativa dependente de H_2O_2 de uma variedade de compostos de lenhina não fenólicos (diarilpropano), compostos de lenhina não fenólicos modelo *0-O-4* e uma vasta gama de compostos fenólicos (por exemplo, guaiacol, álcool vanílico, catecol, ácido siríngico, actaeosiringona) com potenciais redox até 1,4 V. O LiP oxida os substratos por transferência de electrões em várias etapas, formando radicais intermédios, como os radicais fenoxi e os catiões radicais do álcool veratrílico. Estes radicais intermédios sofrem reacções não enzimáticas, como o acoplamento e a polimerização radicalares, a clivagem da cadeia lateral, a desmetilação e a adição e rearranjo intramoleculares. Ao contrário de outros peróxidos, como o MnP, o LiP é capaz de oxidar substratos aromáticos não fenólicos e não requer o envolvimento de mediadores devido ao seu potencial redox excecionalmente elevado. A estrutura cristalina do primeiro LiP mostrou que o grupo heme está enterrado no interior da proteína e acede ao ambiente exterior através de um canal. Embora a dimensão do canal não seja suficiente para permitir o acesso da lenhina, um polímero de grandes dimensões, ao grupo heme, os substratos de pequenas moléculas podem encontrar um local de ligação adequado (Piontek *et al.*, 2001).

5.2.2 Peroxidases de manganês :

As MnPs são glicoproteínas extracelulares e são segregadas em várias isoformas que contêm uma molécula de heme sob a forma de protoporfirina IX de ferro. A MnP catalisa a oxidação dependente de peróxido de Mn(II) (como substrato redutor) em Mn(III), que é então libertado da superfície da enzima como um complexo com oxalato ou outros quelantes. O complexo Mn(III) quelatado actua como um mediador redox reativo, difusível e de baixo peso molecular de substratos fenólicos, incluindo fenóis simples, aminas, corantes, subestruturas fenólicas de lenhina e dímeros (Asgher et al., 2008).

O potencial de oxidação do quelante Mn(III) limita-se apenas às estruturas fenólicas da lenhina. No entanto, para a oxidação de substratos não fenólicos pelo Mn(III), devem ser formados radicais reactivos na presença de um segundo mediador. Os ácidos orgânicos, tais como o oxalato e o malonato, são os principais compostos que actuam como segundos mediadores na produção de radicais reactivos, tais como radicais centrados no carbono (radicais de ácido acético, COOHO H_2), radicais peroxilo (COOH-CH2OO*), superóxido (O_2*-) e radicais formiato (CO_2*-). Na ausência de H_2O_2 (por exemplo, em fungos que não possuem oxidases geradoras de $H_2O_{(2)}$)), estes radicais podem ser utilizados pelo MnP como fonte de peróxidos e aumentar a eficiência da degradação da lenhina pelos fungos (Hofrichter *et al.*, 1998).

A MnP poderá rivalizar com as potenciais aplicações das lacases na biotecnologia. Este facto é evidente em estudos que ilustram que a presença de MnP pode aumentar o grau de descoloração de corantes. Um estudo em particular mostrou que a MnP era a principal enzima envolvida na descoloração de corantes por *P. chrysosporium* (Chagas e Durrant. 2001).

Noutro estudo, o MnP produzido por *P. chrysosporium* foi utilizado para descolorir corantes à base de sulfonftaleína (SP). A descoloração completa teve lugar a pH 4,0. Além disso, a MnP dos fungos da podridão branca é considerada a principal enzima responsável pelo biobranqueamento das pastas kraft. O principal inconveniente das aplicações comerciais da MnP é a indisponibilidade da enzima em grandes quantidades, o que pode ser ultrapassado através da utilização da tecnologia de ADN recombinante. Por exemplo, a MnP de tipo selvagem proveniente de fungos de podridão branca e a MnP recombinante (rMnP) expressa em *Pichia pastoris* foram utilizadas para remover a lenhina das fibras de celulose em experiências de branqueamento da pasta. A rMnP demonstrou ser eficaz na degradação e remoção de lenhina de pastas kraft de madeira dura e de madeira macia não branqueadas (Harazono *et al.,* 1996; Gu *et al.,* 2003; Xu *et al.,* 2010).

6.2.2 Peroxidases polivalentes :

As VPs são glicoproteínas com propriedades híbridas capazes de oxidar substratos típicos de outras peroxidases de basidiomicetos, nomeadamente Mn(II) e álcool veratrílico (VA), MnP e o substrato típico LiP, respetivamente (Ruiz-Duenas *et al.,* 2009). As VPs são um grupo interessante de enzimas lenhinolíticas devido à sua dupla capacidade de oxidar Mn(II) e compostos aromáticos fenólicos e não fenólicos. Verificou-se que as VPs também podem oxidar eficazmente compostos com elevados potenciais redox, como o corante Reactive Black 5 (RB5), bem como uma grande variedade de fenóis, incluindo hidroquinonas, e que as VPs podem oxidar substratos que abrangem uma vasta gama de potenciais, incluindo potenciais redox baixos e elevados. Este facto resulta das suas estruturas moleculares híbridas, que proporcionam múltiplos locais de ligação aos substratos (Heinfling *et al.,* 1998; Camarero *et al.,* 1999).

7.2.2 Outras enzimas de decomposição da lenhina e enzimas acessórias :

Para além das ligninases, outras enzimas extracelulares fúngicas que actuam como enzimas acessórias demonstraram estar envolvidas na degradação da lignina, incluindo as oxidases geradoras de H_2O_2, que fornecem o peróxido de hidrogénio necessário às peroxidases, e as desidrogenases associadas ao micélio, que reduzem os compostos derivados da lignina. As oxidases geradoras de H_2O_2 incluem a aril álcool oxidase, presente em vários fungos, e a glioxal oxidase (GLOX, uma proteína radicalar de cobre). Além disso, as desidrogenases do álcool arilo (uma flavoproteína) e as quinonas redutases (QRs) estão também envolvidas na degradação da lenhina pelos fungos. Além disso, a celobiose desidrogenase (CDH), que é produzida por muitos fungos diferentes em condições celulolíticas, também demonstrou estar envolvida na degradação da lenhina na presença de H2O2 e iões Fe quelatados. Propõe-se que o efeito da CDH na degradação da lenhina seja através da redução de quinonas, que podem ser utilizadas por enzimas lenhinolíticas, ou através do apoio a uma reação Mn-peroxidase (Henriksson *et al.*, 2000).

Capítulo 3: O papel dos fungos na bioremediação

Os fungos são os decompositores no ciclo global da vida e da morte. Geralmente, estão lá para fazer o trabalho quando algo - animal, vegetal ou mesmo um objeto não vivo - está pronto para ser decomposto nos seus constituintes moleculares. Os fungos encontram-se no solo, na água doce e na água do mar, no interior dos corpos de plantas e animais, e viajam pelo ar sob a forma de esporos. Embora sejam frequentemente associados a bactérias e a toda uma série de microrganismos, são os fungos os mais capazes de decompor algumas das maiores moléculas encontradas na natureza (Fernandez-Luqueno et al. 2010).

Os seus padrões de crescimento facilitam o estudo de uma vasta gama de ambientes em busca de fontes de energia. Os fungos podem desenvolver-se de forma multicelular, com o micélio somático a estender pequenas estruturas semelhantes a raízes através do substrato, ou sob a forma de uma levedura unicelular. Alguns fungos exsudam enzimas extracelulares que permitem a digestão de fontes de energia no seu ambiente e a difusão destas moléculas através do substrato em direção ao fungo (Mai et al. 2004). Se os fungos ocupam o nicho dos decompositores, qual é a sua relação particular com a quantidade cada vez maior de coisas que os humanos fizeram e deixaram apodrecer? Os resíduos de hidrocarbonetos produzidos pelo homem são uma das maiores categorias de entrada no ambiente que precisa de ser decomposta. Grandes reservas de hidrocarbonetos que anteriormente estavam armazenadas nas profundezas do subsolo estão a ser trazidas para a superfície, modificadas e utilizadas. A maior parte da poluição atual provém dos combustíveis fósseis, quer sob a forma de gases de escape e subprodutos dos combustíveis usados, quer sob a forma de plásticos poliméricos acumulados feitos a partir desses mesmos hidrocarbonetos. Os combustíveis fósseis são compostos por hidrocarbonetos aromáticos policíclicos (HAP), bem como por moléculas de carbono mais curtas. Muitos HAPs ocorrem naturalmente (Prenafeta-Boldu et al. 2004) em plantas e animais; estes são os ingredientes em bruto que foram primeiro decompostos para formar as reservas de combustíveis fósseis. Os HAPs são blocos de construção da vida e estão espalhados pelo planeta. No entanto, a acumulação e a alteração química destes HAP seguem um padrão atualmente dominado pelas acções humanas (Prenafeta-Boldu et al. 2004).

Os HAPs formam-se quando os materiais carbonosos não são completamente queimados: os gases de escape dos automóveis, os hambúrgueres grelhados e as torradas queimadas contêm-nos todos.
Além disso, são extraídas, refinadas e transportadas grandes quantidades de HAP, sendo a contaminação ambiental comum em todo o mundo. A combustão de combustíveis fósseis, o fabrico de gás e de alcatrão de hulha, o processamento da madeira, a queima em fogões de cozinha e a incineração de resíduos são apenas algumas das formas de fuga dos HAP para o ambiente. Trata-se de uma das formas de poluição mais difundidas no mundo e, devido à sua natureza hidrofóbica, os HAP podem facilmente acumular-se nos tecidos adiposos e propagar-se ao longo da cadeia alimentar. Sete dos dezasseis HAPs listados como poluentes pela EPA são carcinogénicos, teratogénicos e mutagénicos. Os métodos actuais de tratamento de locais poluídos envolvem a remoção do solo ou a sua incineração (Steffen et al. 2007).

A acumulação de resíduos de polímeros é também um problema mundial. Os polímeros são fabricados a partir de hidrocarbonetos; uma grande variedade de adições químicas e alterações estruturais produzem a vasta gama de produtos plásticos atualmente disponíveis. Estes produtos devem ser resistentes à degradação quando são utilizados, mas também devem ser capazes de se degradar mais tarde, caso contrário os problemas de eliminação só se agravarão (Jecu et al. 2010). Em todo o mundo, são produzidos anualmente 140 milhões de toneladas de plástico sintético, um número que tem vindo a aumentar de forma constante desde a década de 1930. Estima-se que 11% do volume dos aterros sanitários seja constituído por resíduos de plástico (Gautam et al. 2006). Os decompositores dos detritos naturais podem também atuar sobre os materiais modificados e concentrados pelo homem? Como existem muitos sítios poluídos, os fungos têm a oportunidade de evoluir na sua presença. Leahy e Colwell (1990) estudaram as populações de fungos em zonas contaminadas por hidrocarbonetos, como as areias petrolíferas de Athabasca no Canadá, e verificaram que as populações destas zonas eram muito mais capazes de degradar os hidrocarbonetos. Do mesmo modo, Llanos e Kjoller (1976) observaram que, após a disseminação de resíduos petrolíferos no solo, os fungos residentes aumentavam a sua biomassa micelial e a comunidade evoluía para uma dominância

de três géneros: *Graphium, Fusarium* e *Penicillium*. Os primeiros estudos deste tipo conduziram a trabalhos posteriores a nível genético. Fernandez-Luqueno et al (2010) referem que os níveis de expressão dos genes que codificam as enzimas de degradação aumentam após a exposição à poluição por hidrocarbonetos e que estes genes são selecionados durante a adaptação ao novo ambiente rico em HAP. Os fungos têm a capacidade de decomposição para lidar com todos os compostos naturais que são fontes potenciais de carbono.
fontes. Os poluentes à base de hidrocarbonetos têm estruturas moleculares semelhantes ou análogas que permitem aos fungos atuar também sobre eles. Quando uma zona é contaminada, a capacidade de processar a contaminação e de a transformar numa fonte de energia é selecionada na população de fungos e conduz a uma população mais apta a metabolizar o contaminante (Fernandez-Luqueno et al. 2010).

Além disso, Peng et al (2008) referem que os genes responsáveis pela degradação dos HAP estão presentes em numerosos loci homólogos no genoma, proporcionando um conjunto particularmente grande de oportunidades de mutação e rearranjo nesta família de genes. Além disso, os microrganismos têm uma série de outras respostas ao stress que geram uma maior diversidade fenotípica e genética para poderem fazer face a um novo stress ambiental (Fernandez-Luqueno et al. 2010). Um estudo mostrou que a reprodução sexual dos fungos do solo aumentou em condições de stress ecológico (Grishkan et al. 2003). Essa mudança na reprodução aumenta a diversidade genética e pode ser observada em diferentes níveis dentro da comunidade fúngica. Ao nível das espécies, a abundância relativa de ascomicetes sexuais aumentou em comparação com os fungos assexuais à medida que o stress ambiental aumentava. A nível individual, verificaram que os fungos sexuais passavam mais tempo num estado teleomórfico (estado de ascósporo sexual) do que num estado anamórfico assexual quando os níveis de stress eram mais elevados. Os investigadores levantaram a hipótese de que a permanência dos fungos num ambiente extremo que muda frequentemente conduz a uma seleção da capacidade de adaptação. Isto traduz-se na seleção da diversidade genética e das respostas individuais ao stress, como o aumento da reprodução sexual (Grishkan et al. 2003).

Estas observações realçam a capacidade dos fungos para se adaptarem a ambientes em mudança. Gautam et al (2006) salientam igualmente que os fungos tiveram menos de 100 anos para evoluir na presença de plásticos sintéticos e de numerosos outros poluentes. A capacidade dos fungos para degradar os poluentes, que ainda não foi descoberta, pode estar a evoluir neste momento numa bolsa de solo altamente poluído. Os fungos estão particularmente bem adaptados à degradação dos HAPs em comparação com outros decompositores bacterianos, por várias razões. Podem degradar HAPs de elevado peso molecular, enquanto as bactérias são melhores a degradar pequenas moléculas (Peng et al. 2008). Também funcionam bem em ambientes não aquosos onde se acumulam HAP hidrofóbicos; a maior parte da degradação microbiana ocorre na fase aquosa.

Podem também funcionar nas condições de oxigénio muito baixo que prevalecem em áreas fortemente contaminadas por HAP (Fernandez-Luqueno et al. 2010). Uma revisão de vários estudos efectuada por Fernandez-Luqueno et al. (2010) produziu uma lista de mais de 51 espécies de fungos ou grupos de espécies capazes de degradar diferentes HAP. Uma grande variedade de fungos desenvolveu mecanismos eficazes para atacar HAPs específicos. Uma das razões para esta capacidade é a semelhança entre a lenhina, uma longa família de moléculas aromáticas presentes na madeira, e os HAP. A lignina é um dos principais componentes dos tecidos lenhosos de todas as plantas vasculares, juntamente com a celulose e a hemicelulose. Tem sido descrita como o cimento nos tecidos lenhosos que dá força e flexibilidade à celulose. É esta substância que dá às árvores a força para crescerem mais alto em direção à luz e que dá aos vegetais a sua crocância (McCready 1991).

Os fungos produzem enzimas extracelulares para degradar a lenhina, que não pode atravessar as paredes celulares dos microrganismos. Este processo de degradação é designado por mineralização e o produto final é o dióxido de carbono. Como a lenhina é composta por muitos anéis aromáticos diferentes em várias cadeias longas, as enzimas de mineralização dos fungos não são específicas e podem frequentemente mineralizar também PAH (Mai et al. 2004). O *pleuroto, Pleurotus ostreatus*, pode degradar 80-95% de todos os HAPs presentes no solo após 80 dias (Steffen e Shubert 2007). É um fungo que apodrece a madeira e pertence a um grupo conhecido como fungos da podridão branca. Muitas espécies deste grupo foram extensivamente estudadas e consideradas degradadoras omnipresentes de HAP, incluindo *Phanerochaete chrysosporium* e *laevis*. Estes basidiomicetos têm pelo menos duas vias. Uma é o sistema do citocromo 450, semelhante ao sistema hepático dos mamíferos, que decompõe grandes moléculas em metabolitos; no entanto, muitos destes metabolitos são eles próprios tóxicos.

A via de degradação da lenhina extracelular é preferível porque os metabolitos são completamente decompostos em dióxido de carbono. Peng et al (2008) sugerem que uma mistura de fungos da podridão branca e bactérias pode funcionar melhor para a degradação dos HAP, uma vez que os fungos decompõem as moléculas maiores em HAP de baixo peso molecular e as bactérias podem então atuar sobre essas moléculas. Os fungos basidiomicetos decompositores de folhada também têm uma capacidade substancial para degradar os HAP. Embora o seu desempenho não seja tão elevado como o dos fungos típicos da podridão branca, os fungos decompositores da folhada são originários do ambiente do solo em que ocorre a maior parte da contaminação por HAP, pelo que a sua capacidade a longo prazo de existir e funcionar em solos contaminados por HAP pode ser superior à dos fungos da podridão branca que vivem na madeira (Steffen et al. 2002). *Stropharia rugosoannulata* provou ser a estirpe de basidiomiceto mais eficaz na eliminação de uma variedade de PAH, eliminando mais de 85% deles após seis semanas de cultura experimental. Estes resultados foram obtidos com a adição de manganês (II) à cultura; sem esta adição, o desempenho foi muito inferior.

Isto mostra que a manganês peroxidase, uma das enzimas lignolíticas extracelulares, é um componente importante na degradação efectuada por *S. rugosoannulata* (Steffen et al. 2002). Noutros testes efectuados por Steffen et al. (2007) com oito fungos basidiomicetos promissores, 60% de todos os PAH presentes foram decompostos por *S. rugosoannulata*, mais uma vez a espécie mais eficiente. Os fungos atacam também os polímeros plásticos; estes apresentam uma grande variedade de estruturas, como a lenhina, e são atacados por diferentes espécies de fungos para diferentes polímeros. Esta capacidade de decomposição é talvez ainda mais impressionante do que a decomposição dos HAP. Os HAPs são naturais, embora alterados e concentrados pela atividade humana; os polímeros plásticos, por outro lado, são completamente transformados por processos humanos e são concebidos para resistir à degradação. Numa experiência, os polímeros acrílicos foram combinados com polímeros de lenhina para melhorar a decomposição. Verificou-se que os basidiomicetos da podridão branca, conhecidos pela sua capacidade de degradar a lenhina, em particular *o P. ostreatus*, podiam decompor eficazmente a poliacrilamida. Este polímero é o material superabsorvente utilizado em fraldas e produtos de higiene (Mai et al. 2004).

Filip (1978) testou a capacidade de degradação do poliuretano num líquido de fuga de um aterro sanitário, enriquecido com microrganismos susceptíveis de se desenvolverem num ambiente de aterro sanitário. O poliuretano feito de poliéster (mas não de poliéter) perdeu 35% da sua massa após três meses de exposição ao líquido enriquecido com fungos. Verificou-se que a presença de argila na mistura reduzia significativamente a eficiência deste processo (Filip 1978). Outro estudo mostrou que *o Cladosporium resinae* também degradou o poliuretano (Gautam et al. 2006). Jecu et al (2010) examinaram películas de álcool polivinílico num microscópio eletrónico de varrimento e encontraram uma degradação significativa por fungos, nomeadamente *Aspergillus niger.* A copolimerização com polímeros naturais, como o amido ou o colagénio, aumenta a biodegradação. Estes fornecem uma fonte de carbono adicional para os fungos e podem também fornecer pontos de acesso para os fungos invadirem o polímero sintético (Jecu et al. 2010). Por vezes, os mesmos fungos que degradam os HAP demonstraram ser capazes de remediar metais tóxicos, que se encontram geralmente nos mesmos sítios poluídos e podem reduzir a eficiência de certos microrganismos degradadores.

Hong et al (2009) estudaram o solo de estações de serviço e encontraram estirpes de *Fusarium* e *Hypocrea* capazes de degradar um PAH carcinogénico de elevado peso, o pireno, e de absorver cobre e zinco. Estas estirpes foram capazes de utilizar o pireno como única fonte de carbono. Alguns artigos tratam das potenciais aplicações da bioremediação fúngica. Fernandez-Luqueno et al (2010) analisam as técnicas abaixo. A bioaumentação envolve a adição de selecções fúngicas eficazes a locais contaminados, quer em laboratório quer em locais contaminados mais antigos onde os fungos tiveram a oportunidade de adquirir capacidades de degradação. A bioestimulação envolve a adição de nutrientes como N, P, K, Cu ou S para estimular a atividade de fungos nativos do local. Steffen e Hatakka (2002) utilizaram este método quando adicionaram manganês a uma mistura de fungos em decomposição provenientes de folhada e de solo contaminado. Pode ser adicionada uma série de materiais orgânicos que contenham alguns destes nutrientes, tais como composto, resíduos alimentares e lamas de depuração. Além disso, podem ser adicionadas plantas (nomeadamente gramíneas) para aumentar a atividade dos fungos.

A introdução de microrganismos geneticamente modificados também foi discutida neste contexto, embora os autores alertem para o facto de o risco de estes escaparem do local contaminado tornar esta abordagem demasiado perigosa para ser recomendada atualmente (Fernandez-Luqueno et al. 2010). *O P. ostreatus*, ou cogumelo-ostra, foi utilizado em alguns ensaios de bioremediação envolvendo terrenos públicos contaminados e parece ter dado bons resultados. É de notar que os resultados apresentados neste parágrafo provêm de uma publicação não científica na Internet. Num ensaio, o Departamento de Transportes do Estado de Washington convidou diferentes grupos com ideias de bioremediação para as testar em solos contaminados com óleos pesados provenientes de um parque de camiões. Enquanto outros tratamentos não produziram resultados impressionantes, a berma inoculada com P. ostreatus estava coberta de fungos com 12 polegadas de diâmetro ao fim de 4 semanas. 95% dos PAH foram eliminados nesse período e os fungos não continham produtos petrolíferos.

Depois de os fungos terem esgotado o alimento disponível, iniciou-se um processo de regeneração sucessiva: moscas, depois pássaros e, por fim, plântulas de novas plantas recolonizaram a berma. Os investigadores colocam a hipótese de os fungos poderem ser um organismo-chave na reestruturação das zonas contaminadas por PAH. Estes mesmos tipos de fungos foram novamente utilizados para ajudar a limpar o petróleo que encalhou na Baía de São Francisco depois de o petroleiro Cosco Busan ter derramado 60 000 galões de petróleo em 2007. O petróleo foi absorvido na costa com um tapete inovador e altamente absorvente feito de cabelo humano. Os esporos foram introduzidos nos tapetes embebidos e transformaram todo o produto em dióxido de carbono, água e composto inofensivo (Stametz 2010). Um dos artigos aqui analisados é o único que alerta para os perigos potenciais associados aos fungos capazes de consumir poluentes.

Prenafeta-Boldu et al (2006) encontraram uma correlação entre a capacidade de várias ordens de fungos para decompor a lenhina e a capacidade de infetar o cérebro humano e causar neuropatia. Estas infecções podem ser muito graves; *Cladophialophora bantiana,* em particular, causa uma infeção cerebral grave que é fatal sem cirurgia cerebral e tratamento intensivo de acompanhamento. As infecções por este grupo de fungos são, na maioria das vezes, acidentais: as doenças não são transmitidas de pessoa para pessoa, mas estão antes associadas a exposições ambientais. A inalação de pó de madeira ou de fumos de carvão pode causar algumas destas infecções, que tendem a ocorrer em pessoas com sistemas imunitários enfraquecidos (comunicação pessoal com Don Hemmes). Porquê esta associação? Os fungos evoluíram para decompor a lenhina; a estrutura variável e ampla da lenhina é muito semelhante à dos hidrocarbonetos aromáticos policíclicos e as enzimas produzidas pelos fungos não são específicas.

A composição química do cérebro é também rica em compostos alifáticos e fenólicos e em lípidos (50% do cérebro é constituído por lípidos alifáticos), que são igualmente afectados pelas enzimas não específicas que degradam a lenhina. Além disso, a dopamina, um dos principais neurotransmissores do cérebro, polimeriza-se em anéis aromáticos policíclicos e degrada-se em subprodutos idênticos aos da lenhina, o que a torna um outro alvo das enzimas fúngicas no cérebro. Existe uma outra correlação entre os fungos capazes de resistir a condições extremas e a neuropatogénese. Os fungos têm de ser capazes de suportar temperaturas elevadas no interior do corpo para sobreviverem no cérebro; alguns destes fungos infecciosos foram encontrados em saunas, banheiras de hidromassagem, fontes termais e pilhas de resíduos de carvão. Estas mesmas condições extremas, bem como outras condições extremas como baixos níveis de oxigénio, estão também presentes em solos contaminados com HAP. Prenafeta-Boldu et al (2006) alertam, portanto, para o facto de a disseminação natural destes fungos devido à poluição generalizada por HAP, bem como os esforços de biorremediação que utilizam estas espécies, poderem disseminar involuntariamente agentes patogénicos para a população humana. Felizmente, nenhuma das espécies citadas neste estudo como tendo grande potencial de biorremediação se encontra entre os géneros mencionados por

Prenafeta-Boldu (2006) como causadores de doenças humanas.

No entanto, esta é uma razão séria para ter cuidado antes de embarcar em qualquer utilização experimental da bioremediação fúngica. Os fungos têm um potencial espantoso para a limpeza de ambientes contaminados. Depois de examinar a lista de fungos capazes de degradar diferentes PAH, poder-se-ia imaginar que existe um fungo capaz de degradar todos os tipos de poluentes persistentes, e que tudo o que temos de fazer é encontrá-lo. Os locais poluídos podem naturalmente tornar-se incubadoras para as poucas espécies capazes de consumir o poluente. Esta é uma boa notícia para uma espécie que cria estas zonas poluídas e que precisa de um ambiente limpo para sobreviver. Além disso, se este potencial de decomposição é real, será que os humanos deveriam explorá-lo para ajudar a limpar o ambiente? A ideia de criar populações eficientes a partir dos epicentros da contaminação é atractiva e confere um valor redentor a estes locais comprometidos. Mas também comporta certos riscos. Sejam quais forem as decisões tomadas pelo homem, as comunidades de fungos continuarão a entrar em contacto com os poluentes e a tentar consumi-los. A investigação indica que novas populações de fungos podem e vão emergir de ambientes stressantes para enfrentar os desafios da decomposição colocados por um mundo dominado pelo homem.

Referência :

Acu'na, V. e Tockner, K. (2010). The effects of alterations in temperature and flow regime on organic carbon dynamics in Mediterranean river networks. Glob Change Biol 16:2638-2650.

Ali, E. H. e Abdel-Raheem, A. (2003). Distribuição de fungos zoospóricos na lama dos principais lagos egípcios. *Jornal de Microbiologia Básica, 43(3),* 175-184.

Ali-Shtayeh, M. S.; Khaleel, T. K. M. e Jamous, R. M. (2002). Ecologia de dermatófitos e outros fungos queratinofílicos em piscinas e riachos poluídos e não poluídos. Mycopathologia, 156(3), 193-205.

Almagro, A.; Prista, C.; Quintas, C.; Madeira Lopes, A.; Ramos, J. e Loureiro-Dias, M. C. (2000). Efeitos dos sais em *Debaryomyces hansenii* e *Saccharomyces cerevisiae* em condições de stress. Int. J. Food Microbiol. 56: 191197.

Asgher, M.; Bhatti, H.N.; Ashraf, M. e Legge, R.L. (2008). Desenvolvimentos recentes na biodegradação de poluentes industriais por fungos de podridão branca e seu sistema enzimático. Biodegradação. 19 : 771-783.

B'arlocher, F. (1992b). Organização da comunidade. The Ecology of Aquatic Hyphomycetes (B'arlocher F, ed), pp 38-76. Springer-Verlag, Berlim.

B'arlocher, F. e Kendrick, B. (1974). Dinâmica de populações de fungos em folhas de riachos. J Ecol 62: 761-791.

B'arlocher, F.; Nikolcheva, L.G.; Wilson, K.P. e Williams, D.D. (2006). Fungi in the hyporheos of a springbrook. Microb Ecol 52:708-715.

B'arlocher, F.; Seena, S.; Wilson, K. e Williams, D.D. (2008). O aumento da temperatura da água reduz a diversidade de hyphomycetes aquáticos hiporréicos. Freshwater Biol 53 : 368-379.

Baar, J.; Paradi, I.; Lucassen, E. C. H. E. T.; Hudson-Edwards, K.; Redecker, D. e Roelofs, J. G. M. (2011). Análise molecular da diversidade de AMF em macrófitas aquáticas: A comparison of oligotrophic and utra-oligotrophic lakes. *Aquatic Botany, 94(2),* 53-61.

Baldy, V. e Chauvet, E. (2002). Dinâmica microbiana associada à decomposição de folhas na lagoa principal e na lagoa da planície de inundação de um grande

rio. *Ecologia Microbiana Aquática, 28(1),* 25-36.
Bayer, E.A.; Chanzy, H.; Lamed, R. e Shoham, Y. (1998). Cellulose, cellulases and cellulosomes. Curr Opin Struct Biol. 8: 548-557.
Belliveau, M.J.R. e B'arlocher, F. (2005). Evidências moleculares confirmam origens múltiplas de hifomicetos aquáticos. Mycol Res 109: 1407-1417.
Blackwell, M. (2011). Fungi: 1, 2, 3 ... 5,1 milhões de espécies? *American Journal of Botany, 98(3),* 426-438.
Blum, L.K.; Roberts, M.S.; Garland J.L. e Mills, A.L. (2004). Distribuição das comunidades microbianas associadas às plantas e sedimentos dominantes dos pântanos altos da costa leste dos Estados Unidos. Microb Ecol 48: 375-388.
Brand, A. e Gow, N.A. (2009). Mechanisms of hyphal orientation in fungi. Curr Opin Microbiol 12:350-357.
Buchalo, A.S.; Nevo, E.; Wasser, S.P.; Oren, A. e Molitoris, H.P. (2000). Vida fúngica na água extremamente hipersalina do Mar Morto: primeiros registos. Actas da Sociedade Real. Londres. Biological Science. 265 : 1461-1465.
Buchan, A.; Newell, S.Y.; Butler, M.; Biers, E.J.; Hollibaugh J.T. e Moran, M.A. (2003). Dinâmica da comunidade bacteriana e fúngica na decomposição da erva dos pântanos salgados. Appl Environ Microbiol. 69 : 6676-6687.
Buchan, A.; Newell, S. Y.; Moreta, J. I. e Moran, M. A. (2002). Caracterização molecular de comunidades de decompositores bacterianos e fúngicos num pântano salgado do sudeste dos EUA. S. salt marsh. Microbial Ecology. 43:329-40.
Butinar, L.; Sonjak, S.; Zalar, P.; Plemenitas, A. e Gunde-Cimerman, N. (2005). Os fungos halófilos melanizados são membros eucarióticos de comunidades microbianas em águas hipersalinas de salinas solares. Botanica Marina. 48 : 73-79.
Camarero, S.; Sarkar, S.; Ruiz-Duenas, F.J.; Martinez, M.J. e Martinez, A.T. (1999). Descrição de uma peroxidase polivalente envolvida na degradação natural da lenhina que possui sítios de interação com o substrato da manganês peroxidase e da lenhina peroxidase. J Biol Chem. 274 : 10324-10330.
Casillas-Marti'nez, L. ;. Gonza' lez, M.L.; Fuentes-Figueroa, Z.; Castro, C.M.; Nieves-Me'ndez, D. e Hernandez, C. (2005). Estrutura da comunidade,

caraterísticas geoquímicas e mineralogia do tapete hipersalinemicrobiano, Cabo Rojo, PR. Revista de Geomicrobiologia. 22 : 269-281.

Chagas, E.P. e Durrant, L.R. (2001). Descoloração de corantes azo por Phanerochaete chrysosporium e Pleurotus sajorcaju. Enzyme Microb Technol. 29 : 473-477.

Chen, M. e Chen, F. (2010). Comunidade eucariótica microbiana em resposta à floração de Microcystis spp., avaliada por uma experiência em recinto fechado no Lago Taihu, China. *FEMS Microbiology Ecology,* 74(1), 19-31.

Chukanhom, K. e Hatai, K. (2004). Fungos de água doce isolados de ovos de carpa comum *(Cyprinus carpio)* na Tailândia. *Mycoscience, 45(1),* 42-48.

Cole, R.J.; Schweikert, M.A. e Jarvis, B.B. (2003). Handbook of Secondary Fungal Metabolites (3-Volume Set). 1ª ed.. Academic Press, San Diego, CA.

Cornut, J. ; Elger, A. ; Lambrigot, D. ; Marmonier, P. et Chauvet, E. (2010). As fases iniciais da decomposição das folhas são mediadas por fungos aquáticos na zona hiporreica de riachos florestais. Freshwater Biol 55 : 2541-2556.

Dang, C.K. ; Schindler, M. ; Chauvet, E. et Gessner, M.O. (2009). Oscilações de temperatura associadas a comunidades de fungos podem modular os efeitos do aquecimento na decomposição da folhada. Ecologia 90 : 122-131.

Dang, C.K. ; Schindler, M. ; Chauvet, E. et Gessner, M.O. (2009). Oscilações de temperatura associadas a comunidades de fungos podem modular os efeitos do aquecimento na decomposição da folhada. Ecologia 90 : 122-131.

Dashtban, M.; Schraft, H. e Qin, W. (2009). Bioconversão fúngica de resíduos lignocelulósicos; oportunidades e perspectivas. Int J Biol Sci.5 : 578-595.

De Bruin, A.; Ibelings, B. W.; Kagami, M.; Mooij, W. M. e Van Donk, E. (2008). Adaptação do parasita fúngico *Zygorhizidium planktonicum* durante 200 gerações de crescimento em populações homogéneas e heterogéneas do seu hospedeiro, a diatomácea *Asterionella formosa. The Journal of Eukaryotic Microbiology,* 55(2), 69-74.

Dick, M. W. (1972). Morfologia e taxonomia dos Oomycetes, com especial referência às Saprolegniaceae, Leptomitaceae e Pythiaceae. II. Sistemas citogenéticos. *New Phytologist, 71(6),* 1151-1159.

Dodds, W. K. (2002). Freshwater Ecology: Concepts and Environmental

Applications. Academic Press, San Diego.

Donald, E. C.; Ketil, B. S. e Aharon, O. (2004). Respostas de Salinidade de Comunidades Microbianas numa Salina Solar. Appl. Environ. Micro. 68: 1508-1515.

Ebert, D. (1995). As interações ecológicas entre um parasita microsporidiano e o seu hospedeiro *Daphnia magna. Journal of Animal Ecology, 64(3),* 361-369.

Ellis, B. (1959). Uma revisão da literatura sobre a degradação enzimática da celulose e da madeira. Laboratório de Produtos Florestais, 1 Serviço Florestal dos EUA. S. Department of Agriculture.

Ellis, M. B. e Ellis, J. P. (1985). *Microfungi on Land Plants: An Identification Handbook* (1.ª ed.). Macmillan Pub Co.

EPA Agência de Proteção Ambiental (2009). Diretrizes da Área de Irrigação Recuperada de Lower Murray (Segunda Edição) (2009).

Fernandes, I.; Uzun, B.; Pascoal, C. e C'assio, F. (2009). Respostas das comunidades de fungos aquáticos em folhagem a eventos de mudança de temperatura. Int Rev Hydrobiol 94 : 410-418.

Ferraroni, M. ; Myasoedova, N.M. ; Schmatchenko, V. ; Leontievsky, A.A. ; Golovleva, L.A. ; Scozzafava, A. et Briganti, F. (2007). Estrutura cristalina de uma lacase azul de Lentinus tigrinus: evidências de intermediários na divisão redutora do oxigénio molecular por oxidases multicopper. BMC StructBiol. 7 : 60.

Ferreira, V. e Chauvet, E. (2010). Synergistic effects of water temperature and dissolved nutrients on litter decomposition and associated fungi. Glob Change Biol, no prelo.

Ferreira, V.; Goncalves, A.L.; Godbold, D.L. e Canhoto, C. (2010a). Efeito do aumento do CO2 atmosférico no desempenho de um detritívoro aquático através de alterações na temperatura da água e na qualidade da cama. Glob Change Biol 16 : 3284-3296.

Ferris, F. G.; Wiese, R. G. e Fyfe, W. S. (2011). Precipitação de minerais de carbonato por microorganismos em pântanos salgados. Geomicrobiology Journal. 12:1-13.

Ford, T. E. (1993). *Aquatic microbiology: An ecological approach.* Blackwell

Scientific Publications, Boston. ISBN 0865422257.

Frau, J. J.;' Sto, R.; Da Silva, A. e Williams, R. J. P. (2002). The Biological Chemistry of the Fungal Enzymes (A Química Biológica das Enzimas Fúngicas). Oxford: Oxford University Press. Segunda edição. Pp: 211-220.

Filip, Z. 1978. Decomposição de poliuretano na água de vazamento de um aterro de lixo e por microorganismos do solo. Jornal Europeu de Microbiologia Aplicada e Biotecnologia 5 : 225-231.

Fernandez-Luqueno F., Valenzuela-Encinas C., Marsch R., Martinez-Suarez, C. Vazquez-Nunez E., Dendooven L. 2010. Comunidades microbianas para mitigar a contaminação de PAHs no solo - possibilidades e desafios: uma revisão. Investigação científica sobre poluição ambiental 10:11-30.

Gadd, G.M. (2010). Metais, minerais e micróbios: geomicrobiologia e biorremediação. Microbiologia 156:609-643.

Gange, A.C.; Gange, E.G.; Sparks, T.H. e Boddy, L. (2007). Mudanças rápidas e recentes nos padrões de frutificação dos fungos. Nature 316 : 71.

Gessner, M. O. e Van Ryckegem, G. (2003). Fungos aquáticos como decompositores em ecossistemas de água doce. Em G. Bitton (Ed.), *Encyclopaedia of Environmental Microbiology,* Wiley, Nova Iorque.

Gessner, M. O., e Van Ryckegem, G. (2003). Fungos aquáticos como decompositores em ecossistemas de água doce. Em G. Bitton (Ed.), *Encyclopaedia of Environmental Microbiology*, Wiley, Nova Iorque.

Gu, L.; Lajoie, C. e Kelly, C. (2003). Expressão de um gene de manganês peroxidase de Phanerochaete chrysosporium na levedura Pichia pastoris. Biotechnol Prog. 19: 1403-1409.

Guerra, A.; Mendonça, R.; Ferraz, A.; Lu, F. e Ralph, J. (2004). Caracterização estrutural da lenhina durante o tratamento da madeira de Pinus taeda com Ceriporiopsis subvermispora. Appl Environ Microbiol.70 : 4073-4078.

Grishkan I., Korol A.B., Nevo E., Wasser S.P. 2003. Stress ecológico e evolução do sexo em microfungos do solo. Actas da Sociedade Real de Londres 270:13-18.

Gautam R., Bassi A.S., Yanful E.K. 2006. Uma revisão da biodegradação de plástico sintético e espumas. Applied Biochemistry and Biotechnology 141 : 85-

109.

Harazono, K.; Kondo, R. e Sakai, K. (1996). Branqueamento de Pasta Kraft de Madeira de Lei com Manganês Peroxidase de Phanerochaete sordida YK-624 sem Adição de MnSO(inf4). Appl Environ Microbiol. 62 : 913-917.

Hawksworth, D. L. (2000). Freshwater and marine lichen-forming fungi. *Fungal Diversity, 5,* 1-7.

Hawksworth, D.L. (2007). A dimensão fúngica da biodiversidade: extensão, importância e conservação. Mycological Research. 95: 641-655.

Heinfling, A.; Ruiz-Duenas, F.J.; Martinez, M.J.; Bergbauer, M.; Szewzyk, U. e Martinez, A.T. (1998). Estudo dos substratos redutores das peroxidases oxidantes de manganês de Pleurotus eryngii e Bjerkandera adusta. FEBS Lett. 428:141146.

Held, A. A.; Emerson, R.; Fuller, M. S. e Gleason, F H. (1969). *Blastocladia* e *Aqualinderella:* bolores aquáticos fermentativos com elevados valores ótimos de dióxido de carbono. *Science, 165*(3894), 706-8.

Henriksson, G.; Johansson, G. e Pettersson, G. A. (2000) critical review of cellobiose dehydrogenases. J Biotechnol. 78: 93-113.

Hibbett, D. S.; Ohman, A.; Glotzer, D.; Nuhn, M., Kirk, P. e Nilsson, R. H. (2011). Progresso na descoberta de táxons moleculares e morfológicos em Fungi e opções para a classificação formal de sequências ambientais. *Fungal Biology Reviews, 25(1),* 38-47.

Hofrichter, M.; Ziegenhagen, D.; Vares, T.; Friedrich, M.; Jager, M.G.; Fritsche, W. e Hatakka, A. (1998). Decomposição oxidativa do ácido malónico como base para a ação da peroxidase de manganês na ausência de peróxido de hidrogénio. FEBS Lett. 434 : 362-366.

Horner-Devine, M.C. ; Leibold, M.A. ; Smith V.H. et Bohannan, B.J.M. (2003). Padrões de diversidade fúngica ao longo de um gradiente de produtividade primária (ambiente hipersalino). Ecol Lett. 6 : 613-622.

Hyde, K.D. e Pointing, S.B. (2000). Micologia hiper-salina. Uma abordagem prática. Fungal Diversity. Press, Hong Kong (2000) Pp: 322-328.

Painel Intergovernamental sobre as Alterações Climáticas (IPCC). 2007 Climate change 2007: the scientific basis. Contribuição do Grupo de Trabalho I para o

Quarto Relatório de Avaliação do Painel Intergovernamental sobre as Alterações Climáticas (Solomon S, Qin D, Manning M, Chen Z, Marquis M, Averyt KB, Tignor M & Miller HL, eds), Cambridge University Press, Cambridge, Reino Unido.

Hong, J.W., Park, J.Y., Gadd, G.M. 2009. Degradação do pireno e absorção de cobre e zinco por Fusarium solani e Hypocrea lixii isolados do solo de uma estação de serviço. Journal of Applied Microbiology 108:2030-2040.

Johnson, P. T. J.; Longcore, J. E.; Stanton, D. E., e Carnegie, R. B. (2006). Infecções por Chytrid em *Daphnia pulicaria:* desenvolvimento, ecologia, patologia e filogenia de *Polycaryum laeve. Freshwater Biology, 51,* 634-648.

Jecu L, Gheorghe A., Rosu A., Raut I., Grosu E., Ghuirea M. 2010. Capacidade das estirpes fúngicas para degradar materiais à base de PVA. Journal Polymers Environment 18:284-290.

Kagami, M., Van Donk, E., et al. (2004). *Daphnia* can protect diatoms from fungal parasitism.*Limnology and Oceanography, 49(3),* 680-685.

Kendrick, B. (2001). The Aquatic Environment. Water Resource Publications, Waterloo, Ontário, Canadá. Pp: 288-297.

Kis-Papo, T. ; Grishkan, I. ; Oren, A. ; Wasser S.P. et Nevo, E. (2001). Diversidade espácio-temporal de fungos filamentosos hipersalinos do Mar Morto. Mycological Research. 105 : 749-756.

Klironomos, J.N.; Allen, M.F.; Rillig, M.C.; Piotrowski, J.; Makvandi- Nejad, S.; Wolfe, B.E. e Powell, J.R. (2005). O aumento abrupto do CO2 atmosférico sobrestima a resposta da comunidade num modelo de sistema planta-solo. Nature 433 : 621622.

Krauss, G.-J.; Sole, M.; Krauss, G.; Schlosser, D.; Wesenberg, D. e Barlocher, F. (2011). Fungos em águas doces: ecologia, fisiologia e potencial bioquímico. *FEMS Microbiology Reviews, 35, 620-651.*

Krauss, G.-J.; Wesenberg, D.; Ehrman, J.M.; Sol'e, M.; Miersch, J. e Krauss, G. (2008). Respostas a metais pesados. Novel Techniques and Ideas inMycology, Fungal Diversity Research Series (Sridhar KR, B'arlocher F & Hyde KD, eds), pp. 149-182. Fungal Diversity Press, Yunnan, R.P. China.

Lecerf, A.; Dobson, M.; Dang, C.K. e Chauvet, E. (2005). As espécies de perda de plantas ripárias alteram a dinâmica trófica em ecossistemas de riachos baseados em detritos. Oecologia 146 : 432-442.

Litchman, E. (2010). Invisible invaders: non-pathogenic invasive microbes in aquatic and terrestrial ecosystems. Ecol Lett 13:1560-1572.

Luo, Q.; Krumholz, L. R.; Najar, F. Z.; Peacock, A. D.; Roe, B. A.; White, D. C. (2005). Diversidade da comunidade microeucariótica em Zodletone Spring rica em sulfureto (Oklahoma). *Applied and Environmental Microbiology, 71*(10), 6175- 6184.

Leahy J.G. e Colwell, R.R. 1990. Degradação microbiana de hidrocarbonetos no ambiente. Microbiological Reviews 54:305-315.

Llanos C. e Kjoller A. 1976. Alterações na flora de fungos do solo após a aplicação de resíduos de petróleo. Oikos 27:377-382.

Madigan, M.T. Martinko, J.M.; Dunlap, P.V. e Clark, D.P. (2009). Biology of microorganisms (Biologia dos microrganismos). Pearson/Benjamin Cummings, São Francisco.

Martinez, A.T.; Speranza, M.; Ruiz-Duenas, F.J.; Ferreira, P.; Camarero, S.; Guillen, F.; Martinez, M.J.; Gutierrez, A. e del Rio, J.C. (2005). Biodegradação de lignocelulósicos: aspectos microbianos, químicos e enzimáticos do ataque fúngico da lignina. Int Microbiol. 8 : 195-204.

Martinez, D.; Larrondo, L.F.; Putnam, N.; Gelpke, M.D.; Huang, K.; Chapman, J.; Helfenbein, K.G.; Ramaiya, P.; Detter, J.C.; Larimer, F.; Coutinho, P.M.; Henrissat, B.; Berka, R.; Cullen, D. e Rokhsar, D. (2004). Sequência do genoma do fungo Phanerochaete chrysosporium estirpe RP78, degradador de lignocelulose. Nat Biotechnol. 22 : 695-700.

Massaccesi, G.; Romero, M.C.; Cazau, M.C. e Bucsinszky, A.M. (2002). Capacidades de remoção de cádmio de fungos filamentosos do solo isolados de sedimentos poluídos industrialmente, em La Plata (Argentina).World J Microb Biot 18: 817-820.

Mayer, A.M. e Staples, R.C. (2002). Laccase: novas funções para uma enzima antiga. Phytochemistry.60 : 551-565.

McCarthy, P. M. e Johnson, P. N. (1997). *Verrucaria amnica*, uma nova espécie de líquen aquático da Nova Zelândia. *The Lichenologist, 29,* 385-388.

Medeiros, A. O. e Pascoal, C. (2009). Diversidade e atividade de fungos aquáticos em condições de baixo oxigénio. *Biologia de Água Doce, 54(1),* 142-149.

Medeiros, A.O.; Pascoal, C. e Grac,a, M.A.S. (2009). Diversidade e atividade de fungos aquáticos em condições de baixo oxigénio. Freshwater Biol 54 : 142-149.

Mejanelle, L.; Ldpez, J. F.; Gunde-Cimerman, N. e Grimalt, J. O. (2001). Biossíntese de Ergosterol em novos fungos melanizados de ambientes hipersalinos. *J. Lipid Res.* 42 : 352-358.

Mille-Lindblom, C. e Fischer, H. (2006). Antagonismo entre bactérias e fungos: competição de substratos e possível compromisso entre crescimento fúngico e tolerância bacteriana em . *Oikos, 113(2),* 233.

Mohamed, D. J. e Martiny, J. B. H. (2011). Padrões de diversidade e composição de fungos ao longo de um gradiente de salinidade. *The ISME journal,* 5(3), 379-88.

Mohamed, D. J., e Martiny, J. B. H. (2011). Padrões de diversidade e composição de fungos ao longo de um gradiente de salinidade. *The ISME journal,* 5(3), 379-88.

Monchy, S.; Sanciu, G.; Jobard, M.; Rasconi, S.; Gerphagnon, M. e Chabe, M. (2011). Exploração e quantificação da diversidade fúngica em ecossistemas de lagos de água doce usando clonagem / sequenciamento de rDNA e pirosequenciamento de tag SSU. *Microbiologia Ambiental.*

Moredo, N.; Lorenzo, M.; Dominguez, A.; Moldes, D.; Cameselle, C. e Sanroman, A. (2003). Aumento da produção de enzimas ligninolíticas e da capacidade de degradação de fungos em ambiente aquático. World J Microb Biotechnol. 19 : 665669.

Moubasher, A.H.; Abdel-Hafez, S.; Bagy, M. M. K. e Abdel-Satar, M.A. (1999). Organismos halofílicos e halotolerantes de solos de sobremesas cultivadas e de pântanos salgados do Egito. Ata Mycologica . 26 : 65-81.

Mustafa, R.; Muniglia, L.; Rovel, B. e Girardin, M. (2005). Corantes fenólicos obtidos por síntese enzimática utilizando uma lacase fúngica num sistema hidroorgânico bifásico. Food Res Int. 38 : 995-1000.

Mai C., Schormann W., Majcherczyk A, Hutterman A. 2004. Degradação de copolímeros acrílicos por fungos whiterot. Microbiologia Aplicada e Biotecnologia 65: 479-487.

McCrady E. 1991. The nature of lignin. Em http://cool. conservation-us.org/byorg/abbey/ap/ap04/ap04-4/ap04-402.html, consultado em 4 de novembro de 2010.

Nawawi, A. (1985). Basidiomycetes com conídios ramificados e transportados pela água. *Botanical Journal of the Linnean Society, 91*(1-2), 51-60.

Nechwatal, J.; Wielgloss, A. e Mendgen, K. (2005). *Pythium phragmitis* sp. nov, uma nova espécie estreitamente relacionada com *P. arrhenomanes* como agente patogénico do junco comum *Phragmites australis. Mycological Research, 109(12),* 1337-1346.

Neubert, K.; Mendgen, K.; Brinkmann, H. e Wirsel, S. G. R. (2006). Apenas algumas espécies de fungos dominam micofloras altamente diversificadas associadas ao junco comum. *Applied and Environmental Microbiology, 72*(2), 1118-1128.

Newell, S. (2009). Established and potential impacts of eukaryotic mycelial decomposers in marine/terrestrial ecotones. Experimental Journal of Marine Biology and Ecology. 200: 187-206.

Nikolcheva, L.G. e B'arlocher, F. (2004). Os primers de fungos específicos de táxons revelam uma diversidade inesperadamente elevada durante a decomposição das folhas num riacho. Mycol Prog 3 : 41-49.

Norby, R.J.; Cotrufo, M.F.; Ineseon, P.; O'Neill, E.G. e Canadell, J.P. (2001). Elevated CO2, litter chemistry, and decomposition: a synthesis. Oecologia 127 : 153-165.

Oren, A. (2001). Diversidade de microrganismos halófilos: ambientes, filogenia, fisiologia e aplicações. Journal of Industrial Microbiology and Biotechnology. 28: 56-63.

Oren, A. (2002). Diversidade de microrganismos halófilos: ambientes, filogenia, fisiologia e aplicações. Journal of Industrial Microbiology and Biotechnology. 28: 56-63.

Orlowska, M.; Lengiewicz, I. e Suszycka, M. (2004). Hyphomycetes Developing on Water Plants and Bulrushes in Fish Ponds. *Jornal Polaco de Estudos*

Ambientais, 13(6), 703-707.
Palacios-Orueta, A.; Chuvieco, E.; Parra, A. e Carmona-Moreno, C. (2005). Biomass burning emissions: a review of models using remote-sensing data. Environ Monit Assess.104: 189-209.
Piontek, K.; Smith, A.T. e Blodig, W. (2001). Estrutura e função da lignina peroxidase. Biochem Soc Trans.29 : 111-116.
Pitt, J.I. e Hocking, A.D. (2002). The ecology of Algea (Schweigert, B.S. and Stewart, G.F., Eds.). Academic Press, Sydney. Pp. 5-18.
Peng R., Xiong A., Xue Y., Fu X., Gao F., Zhao W., Tian Y., Yao Q. 2008. Biodegradação microbiana de hidrocarbonetos poliaromáticos. FEMS 32 : 927-955.
Prenafeta-Boldu, F. X., Summerbell, R., Sybren de Hoog, G. 2006. Fungos que crescem em hidrocarbonetos aromáticos: o encontro inesperado da biotecnologia com o risco biológico? FEMS Microbiology Reviews 30 : 109-130.
Rankovic, B. (2005). Cinco reservatórios sérvios contêm diferentes propágulos de fungos. *Mycologia, 97(1),* 50-56.
Reynolds, J. (1988). Crayfish extinctions and crayfish plague in central Ireland. *Biological Conservation, 45*(4), 279-285.
Ruiz-Duenas, .FJ. ; Morales, M. ; Garcia, E. ; Miki, Y. ; Martinez, M.J. et Martinez, A.T. (2009). Sítios de oxidação de substratos em peroxidase versátil e outras peroxidases de basidiomicetos. J Exp Bot. 60 : 441-452.
Saha, B.C. (2000). Alfa-L-arabinofuranosidases: bioquímica, biologia molecular e aplicação em biotecnologia. Biotechnol Adv.18 : 403-423.
Saha, B.C. (2003). Bioconversão de hemicelulose. J Ind Microbiol Biotechnol . 30 : 279-291.
Sahan E. e Muyzer, G. (2008). Diversidade e distribuição espácio-temporal de Archaea e Fungi oxidantes de amónia nos sedimentos do estuário de Westerschelde. FEMS Microbiol Ecol. 64: 175-186.
Santos-Flores, C.J. and Betancourt, L. (1997) Aquatic and waterborne hyphomycetes (Deuteromycotina) in streams of Puerto Rico (including records from other Neotropical locations. Carib J Sci Spec Pub 2: 1-116.
Schlosser, D.; Sol'e, M.; Wesenberg, D.; Geyer, R. e Krauss, G. (2008).

Respostas a poluentes orgânicos. Novel Techniques and Ideas in Mycology, Fungal Diversity Research Series 20 (Sridhar KR, B'arlocher F & Hyde KD, eds), pp. 119-148. Fungal Diversity Press, Yunnan, R.P. China.

Sharon, A. C.; Lilliam C.M. e Marirosa, M. (2006). Caracterização de fungos de ambientes hipersalinos de salinas solares utilizando técnicas morfológicas e moleculares. Investigação micológica. 110 : 962 - 970.

Sharon, A.; Cantrell, L.; Cacillas M. e Marirosa, M. (2006). Caracterização de fungos de ambientes hipersalinos em salinas solares utilizando técnicas morfológicas e moleculares. Mycological research.110: 962-970.

Shearer, C.A.; Descals, E.; Kohlmeyer, B.; Kohlmeyer, J.; Marvanova, L. e Padgett, D. (2007). Fungal biodiversity in aquatic habitats. Biodiversity and Conserv. 16 : 49-67.

Shearer, C. A. e Webster, J. (1985). Comunidades de hifomicetos aquáticos no rio Teign I. Padrões de distribuição longitudinal. *Transactions of the British Mycological Society, 84(3),* 489-501.

Shearer, C.; Descals, E.; Kohlmeyer, B.; Kohlmeyer, J.; Marvanova, L. e Padgett, D. (2007). Biodiversidade fúngica em habitats aquáticos. *Biodiversity Conserv, 16*(1), 49-67.

Shearer, C.; Descals, E.; Kohlmeyer, B.; Kohlmeyer, J.; Marvanova, L. e Padgett, D. (2007). Biodiversidade fúngica em habitats aquáticos. *Biodiversity Conserv, 16(1),* 49-67.

Singh, D. e Chen, S. (2008). O fungo da podridão branca Phanerochaete chrysosporium: condições para a produção de enzimas de degradação da lenhina. Appl Microbiol Biotechnol. 81 : 399-417.

Skerratt, L. F. ; Berger, L. ; Speare, R. ; Cashins, S. ; McDonald, K. R, ; Phillott, A. D. (2007). A propagação da quitridiomicose está a causar o rápido declínio e a extinção global das rãs. *EcoHealth, 4*(2), 125-134.

Sparrow, F. K. (1960). *Aquatic Phycomycetes* (Segunda Rev.). The University of Michigan Press, Ann Arbor.

Srebotnik, E.; Messner, K. e Foisner, R. (1988). Penetrabilidade da madeira de pinho degradada pela podridão branca pela lignina peroxidase de Phanerochaete chrysosporium. Appl Environ Microbiol. 54: 2608-2614.

Sridhar, K.R. e B'arlocher, F. (1993). Efeito da temperatura no crescimento e sobrevivência de cinco hifomicetas aquáticos. Sydowia 45:337-387.

Steinberg, G. (2007). Crescimento hifal: um conto de motores, lípidos e o spitzenkorper. Eukaryotic Cell 6 : 351-360.

Suberkropp, K. (1984). Efeito da temperatura na ocorrência sazonal de hifomicetas aquáticos. T Brit Mycol Soc 82:53-62.

Suh, S.; Mchugh, J.; Pollock, D. e Blackwell, M. (2005). O intestino do escaravelho: uma fonte hiperdiversa de novas leveduras. *Mycological Research, 109(3),* 261-265.

Sulistyaningdyah, W.T.; Ogawa, J.; Tanaka, H.; Maeda, C. e Shimizu, S. (2004). Caracterização da atividade da lacase alcalifílica no sobrenadante da cultura de diferentes fungos 24G-4 em comparação com a bilirrubina oxidase. FEMS Microbiol Lett. 230 : 209-214.

Steffen K.T., Hatakka A., Hofrichter M. 2002. Remoção e mineralização de hidrocarbonetos aromáticos policíclicos por fungos basidiomicetos decompositores de folhada. Applied Microbiology Biotechnology 60:212-217.

Steffen K.T., Schubert S., Tuomela M., Hatakka A., Hofrichter M. 2007. Reforço da bioconversão de hidrocarbonetos aromáticos policíclicos de elevada massa molecular em solo contaminado não estéril por fungos decompositores de folhada. Biodegradação 18 : 359-369.

Stametz, P. 2010. O problema do petróleo. Disponível em http:// www.fungi.com/mycotech/petroleum problem. html, consultado em 2 de novembro de 2010.

Takishita, K. e Tsuchiya, M. (2007). Genetic diversity of microbial eukaryotes in anoxic sediments of the meromictic saline lake Namako-ike (Japan): On the detection of anaerobic or anoxic-tolerant lineages of eukaryotes. *Protist, 158*(1), 51-64.

Tanaka, H. ; Itakura, S. et Enoki, A. (1999). Geração de radicais hidroxilo por uma substância extracelular de baixo peso molecular e atividade de fenol oxidase durante a degradação da madeira pelo basidiomiceto de podridão branca Phanerochaete chrysosporium. Holzforschung. 53: 21-28.

Thurston, C.F. (1994). The structure and function of fungal laccases. Microbiol

(UK). 140 : 19-26.

Tina, K.; José, R.; Ana, P. e Nina, G.C. (2006). O fungo halofílico *Hortaea werneckii* e o fungo halotolerante *Aureobasidium pullulans* mantêm baixas concentrações de catiões intracelulares em ambientes hipersalinos. Appl. et Envir. Micro. 71: 6600-6605.

Tiquia, S.M. ; Davis, D. ; Hadid, H. ; Kasparian, S. ; Ismail, M. ; Sahly, R. ; Shim, J. ; Singh S. et Murray, K.S. (2007). Microorganismos halofílicos e halotolerantes das águas fluviais e das águas subterrâneas pouco profundas ao longo do rio Rouge, no sudeste do Michigan. Tecnologia Ambiental, 28 : 297-307.

Van der Heijden, M.G.A.; Klironomos, J.N.; Ursic, M.; Moutoglis, P.; Streitwolf-Engel, R. e Boller, T. (2010). A diversidade de fungos micorrízicos determina a biodiversidade vegetal, a variabilidade do ecossistema e a produtividade. Nature. 396:69-72.

Van Donk, E. e Bruning, K. (1992). Ecologia de fungos aquáticos em e sobre algas. Em W. Reisser (Ed.), *Algae andsymbioses* (pp. 567-592). Biopress Ltd. Bristol.

Vander Zanden, M. J., e Gratton, C. (2011). Blowin' in the wind: reciprocal airborne carbonfluxes between lakes and land. Canadian Journal of Fisheries and Aquatic Sciences, 68(1), 170-182.

Vannote, R. L. e Minshall, G. W. (1980). The river continuum concept. *Canadian Journalof Aquatic Science, s 37,* 130-137.

Veteli, T.O.; Mattson, W.J.; Niemel "a, P.; Julkunen-Tiitto, R.; Kellom'aki, S.; Kuokkanen, K. e Lavola, A. (2007). As temperaturas elevadas e o CO2 têm geralmente efeitos opostos na fitoquímica fenólica das árvores boreais? J Chem Ecol 33 : 287-296.

Vogel, C.; Rogerson, A.; Schatz, S.; Laubach, H.; Tallman, A. e Fell, J. (2007). Prevalência de leveduras na areia da praia em três praias balneares no sul da Florida. *Water Research, 41(9),* 1915-1920.

Voronin, L. V. (1997). Hyphomycetes aquáticos e aero-aquáticos em pequenos lagos das imediações de Vorkuta. *Mikologiya i Fitopatologiya, 31*(2), 9-17.

Voronin, L. V. (2010). Fungi of small acidic lakes. *Biologia das Águas*

Interiores, 3(3), 254-259.
Webster, J.; Moran, S.T. e Davey, R.A. (1976). Crescimento e esporulação de Tricladium chaetocladium e Lunulospora curvula em relação à temperatura. T Brit Mycol Soc 67: 491-495.
Wen, Z.; Liao, W. e Chen, S. (2004). Hidrólise de lignoceluloses de estrume animal para reduzir a produção de açúcar. Bioresour Technol. 91: 31-39.
Weng, J.K.; Li, X.; Bonawitz, N.D. e Chapple, C. (2008). Estratégias emergentes de engenharia e degradação da lignina para a produção de biocombustível celulósico. Curr Opin Biotechnol. 19 : 166-172.
Wesenberg, D.; Kyriakides, I. e Agathos, S.N. (2003). Fungos aquáticos e suas enzimas para o tratamento de efluentes de corantes industriais. Biotechnol Adv.22: 161-187.
Willoughby, L. G. (1961). The ecology of some lower fungi at Esthwaite water. *Transactions of the British Mycological Society, 44*(3), 305-IN2.
Wong, D.W. (2009). Estrutura e mecanismo de ação das enzimas ligninolíticas. Appl Biochem Biotechnol. 157 : 174-209.
Woolard, C.R. e Irvine, R.L. (1999). Tratamento de águas residuais hipersalinas no reator descontínuo sequencial. Water Res. 29:1159-1168.
Wurzbacher, C. M. e Barlocher, F. (2010). Fungi in lake ecosystems. *Aquatic Microbial Ecology, 59*(2), 125-149.
Xu, H.; Scott, G.M.; Jiang, F. e Kelly, C. (2010). Manganês peroxidase recombinante (rMnP) de Pichia pastoris. Parte 1: Deslenhificação de polpa Kraft. Holzforschung. 64: 137-143.

MIX
Papier aus verantwortungsvollen Quellen
Paper from responsible sources
FSC® C105338

Printed by Books on Demand GmbH, Norderstedt / Germany